はじめに

前作「蒼海の碑銘」を上梓してから２年が経過した。

今からちょうど２年前は、新型コロナウイルスが未知のウイルスとして騒がれていた時期で、まさかここまで長引くとは思ってもみなかった。さらにはロシアとウクライナの戦争により世界情勢は混迷の度を深め、この２年間は海外取材に出ることは叶わず、日本国内のレック（wreck：沈没船などの総称）を巡り、撮影を続けていた。特に本書において多く紹介する小笠原諸島がそれに該当し、この２～３年でこれまでに小笠原で確認されているほぼすべてのレックを撮影できたことは大きな成果といえるのではないだろうか。

そのような中で、2021年１月に起きた沖縄に眠る掃海駆逐艦エモンズの大規模な崩落は、特にエモンズを潜っているダイバーにとって衝撃的な出来事であった。しかし、ここ数年世界各地のレックにおいても同様の出来事が起きており、自然環境の変化や経年による劣化などの影響により、その姿を保ち続けることが年々困難になっていると感じている。

私がなぜ、こういったレックを撮影しているのかといった話は前作にて述べており、この場では割愛させていただくが、私の活動を通じて、この２年で多くのご遺族や関係者の方々から感謝や応援のお言葉をいただき、さらには研究機関や水中考古学などを専門とする方々との出会いにより、撮影した写真を通しての慰霊や顕彰活動につなげることができた。特に戦争経験者の多くが鬼籍に入られている世の中において、前述のように経年劣化が進むこのような戦争遺産を、どのようにして次の世代に残し、伝承していくか。自然に還るのをただ待つだけなのか。——そのようなことを考えていかなければならない時期に来ているのではないかと感じている。

もうすぐ終戦から80年となる。

それまでにこの世界、私たちが暮らす日本はどうなっているのだろうか。

願わくば、国を想い、友人、家族を想い散華された先人たちのことを忘れることなく、再び戦争という惨禍の起きない、戦争のない世界になっていてほしいと願わずにはいられない。

最後になるが、本書を上梓するにあたりご協力いただいた現地のダイビングガイドの皆さん、長年、「海底のレクイエム」という題材として見守り続けて下さっている株式会社潮書房光人新社の岩本孝太郎氏、いつも写真に彩りと史実を加えてくださる戦史研究家の小高正稔氏と航空機研究家の宮崎賢治氏。そして本書を企画してくださったイカロス出版株式会社に多大なる感謝を。この本を読んで下さった皆さんが本書を通じて何か感ずるものがあるならば、私がこうして写真を撮り、お伝えする意味となり、今後も継続して撮影を続けていけたらと思っている。

令和４年８月

戸村裕行

目次

F6Fヘルキャット

海底の戦跡
——艦船・航空機がそこに沈む理由

文／小高正稔　図版／田端重彦（PanariDesign）

昭和16（1941）年12月8日、日本軍による真珠湾攻撃で太平洋戦争が始まると、日本海軍は昭和17（1942）年6月のミッドウェー海戦で敗北するまで、攻勢を続けた。しかし、同年8月の連合軍のガダルカナル島上陸以後は後手に回り、昭和18（1943）年後半まではソロモン・ニューギニア方面での一進一退の消耗戦が続くことになる。

ソロモン・ニューギニアをめぐる戦闘は海上輸送の戦いであると同時に、航空撃滅戦でもあった。制空権の確保なくしては水上艦艇の自由な行動はおぼつかなかったからだ。このため彼我の基地航空隊同士が激しい消耗戦を繰り広げた。ガダルカナル島の海底に沈むB-17や零式観測機の残骸はこうした戦いの痕跡である。

制空権を確保できない状況で離島の地上軍を維持するために、潜水艦や駆逐艦による輸送も試みられた。効率が悪く、危険ではあったが、ほかに方法がなかったのだ。ガダルカナルの海岸に眠る伊号第一潜水艦はそうして失われた一隻である。また太平洋戦争後期に出現し、フィリピンや小笠原などへの強行輸送に投入された一等輸送艦はガダルカナル戦の反省から誕生した高速輸送艦であった。これが太平洋戦争の現実であり、戦前に想定された「艦隊決戦」はついに生起しなかった。

消耗した艦艇の補充を終えた米海軍は、昭和19（1944）年に入ると、圧倒的な戦力で反攻を開始。同年2月に米機動部隊は日本海軍の根拠地であったトラック諸島（現チューク諸島）を襲撃した。連合艦隊の主力艦艇こそ脱出に成功したものの、多くの輸送船やタンカーがこの大空襲で失われた。「天城山丸」

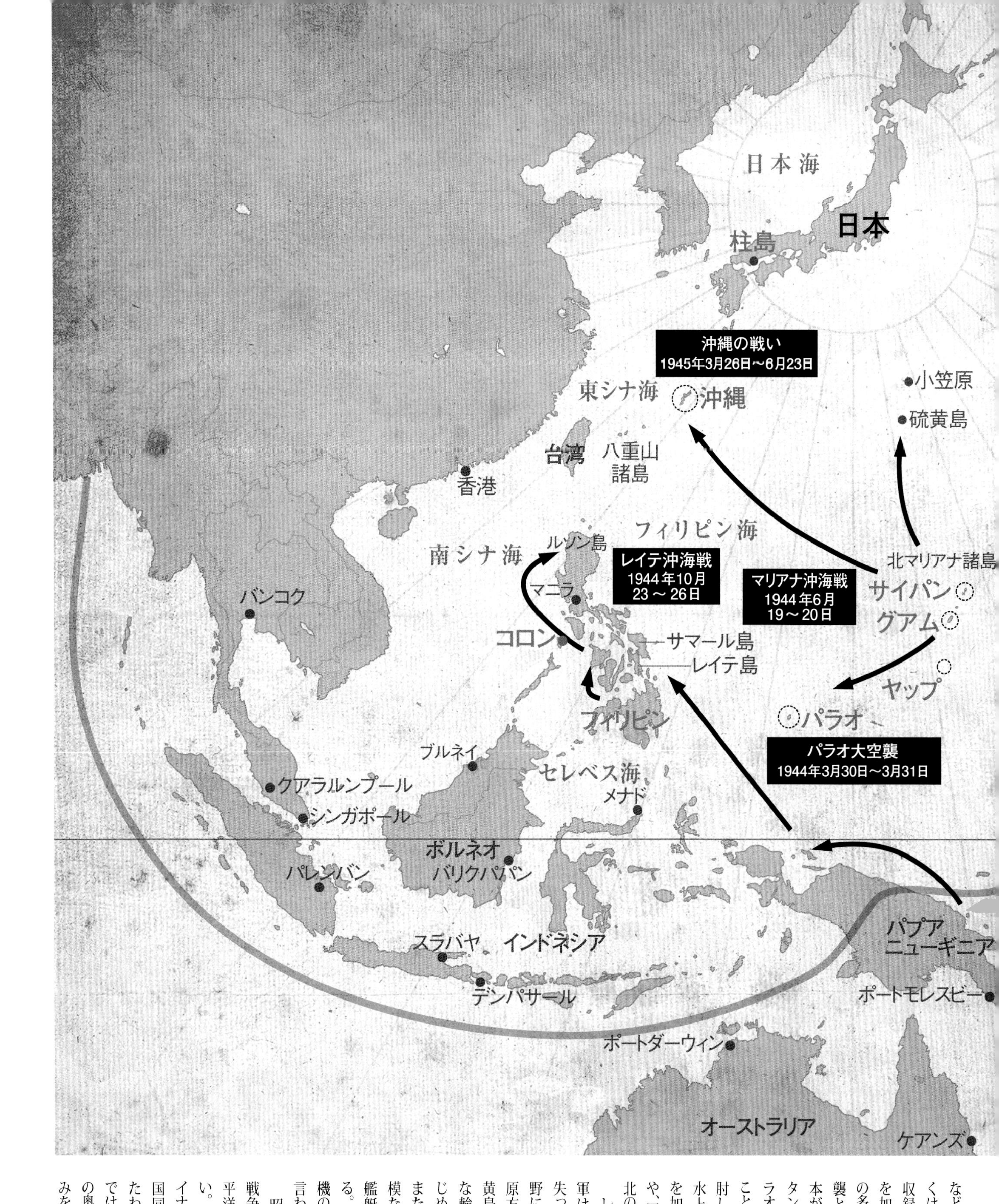

など、本書に収録された徴用貨物船の多くはトラックで失われているが、前巻に収録された「富士川丸」や「愛国丸」などを加えれば、このときに失われた船舶量の多さが理解できるだろう。トラック空襲とこれに続くパラオ空襲によって、日本が戦前に用意した優秀貨物船や高速タンカーの多くが失われ、トラックやパラオで多数の徴用船や補助艦艇を失ったことは、その後の日本軍の作戦能力を掣肘した。タンカーの不足は機動部隊や水上砲戦部隊の配置、作戦海域に制限を加え、昭和19年6月のマリアナ沖海戦や、同年10月のレイテ沖海戦における敗北の一因となったのである。

レイテ沖海戦の敗北によって日本海軍は組織的な艦隊戦闘を行う能力を失ったが、大日本帝国は本土決戦を視野に入れた時間稼ぎとして沖縄や小笠原方面で戦闘を継続した。このため硫黄島を含む小笠原方面には幾度も危険な輸送作戦が行われ、一等輸送艦をはじめ、少なくない損害を記録している。また沖縄では米軍の侵攻に対して大規模な航空特攻作戦が実施され、連合軍艦艇にも無視できない損害が生じている。沖縄沿岸に沈む「エモンズ」と特攻機の残骸は、こうした苛烈な戦いのもの言わぬ証言者でもあるのだ。

昭和20(1945)年8月に太平洋戦争は終戦を迎え、以降80年近い間、太平洋で大規模な武力衝突は生じていない。だが2022年に始まったウクライナでの戦争は、我々の生きる世界が大国同士の武力衝突の危機から解放されたわけではないこと、戦争が過去のものではないことを赤裸々に示した。水底の奥津城に眠る船達は、21世紀の人の営みをどのように見ているのだろうか。

本書で紹介する艦船・航空機の眠る主なポイント

文／戸村裕行　図版／田端重彦（PanariDesign）

沖縄（沖縄県）

掃海駆逐艦エモンズが眠るのが、沖縄・古宇利島沖。古宇利島漁港を拠点としてすぐの場所だ。特に潮流などが早くなる場所で、なるべく潮の流れが少ない時を選ぶとなると、日によってはかなりの早朝になる場合もある。那覇市内をベースとした場合、日の出とともに動くようになることもあり、エモンズを潜る際は恩納村や名護近辺をベースにすると便利になるだろう。

現在、エモンズを潜るツアーを開催している沖縄のショップは多数あるが、水深的に深くなることから中～上級者レベルのダイバーに絞っていることもある。潜りたい場合は現地のガイドに確認してほしい。

小笠原（東京都）

東京・竹芝桟橋から24時間、定期船「おがさわら丸」に揺られ到着する小笠原諸島・父島二見港。小笠原にはこの二見湾をはじめ、お隣の兄島・滝之浦湾にも多数のレックが存在している。しかし、現地において沈没艦船の同定はほとんどされておらず、船名が分かっているものは少数に過ぎない。それ以外の船に関しては深いところにあることから「深沈」、バラバラになっていることから「バラ沈」などと呼ばれているのが実情だ。

しかしながら近年、私たちがレックの撮影に乗り出したことがキッカケとなり、普段からお世話になっているダイビングショップFISHEYEのオーナー笠井氏などによる調査が行われ、「推定」ではあるがレックの名称などが判明しつつある。

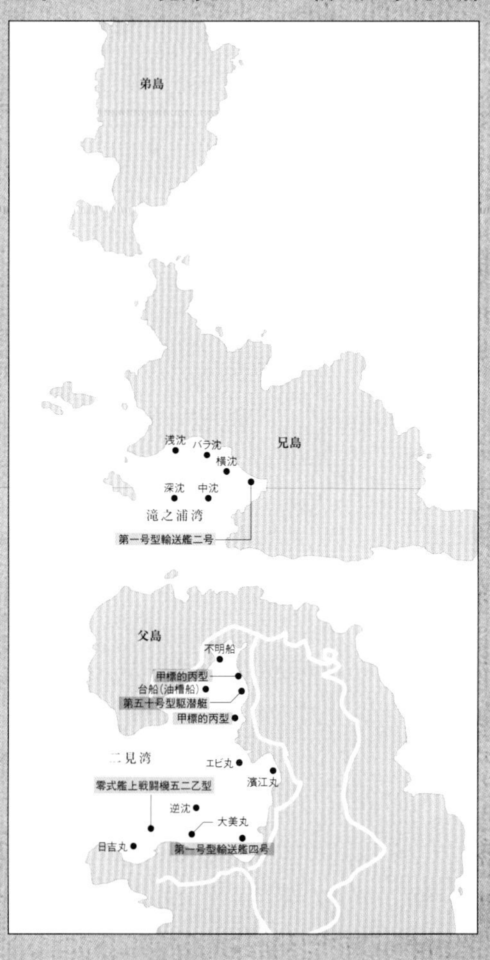

トラック諸島（ミクロネシア連邦チューク州）

世界的に沈没艦船数とその内容で圧倒的な質量を誇るのが、このトラック諸島、現在はミクロネシア連邦・チューク州と呼ばれている場所だ。

とにかくチュークのレックには、非常に多くの遺留物が残っている。他のエリアではほとんどが引き揚げられてしまっているものもここでは保護され、当時の生活を垣間見ることができるのだ。チュークは私がレックの撮影を「ライフワーク」として続けるキッカケとなった場所でもある。

私が初めて訪ねたのは2010年頃で、当時は島のメインストリートは舗装もされておらず、燃料不足から電力も不安定で、毎日計画停電をしているような場所であった。現在も特に産業などがないチュークにおいて、レックは現地の貴重な観光資源として、重要な収入源となっている。複数あるダイビングショップの中で、唯一の日本人経営としてダイビングガイドをされている「トレジャーズ」横田圭介氏、海野恵莉氏の両名には大変感謝をしており、ぜひ皆さんにも訪れていただければと思っている。

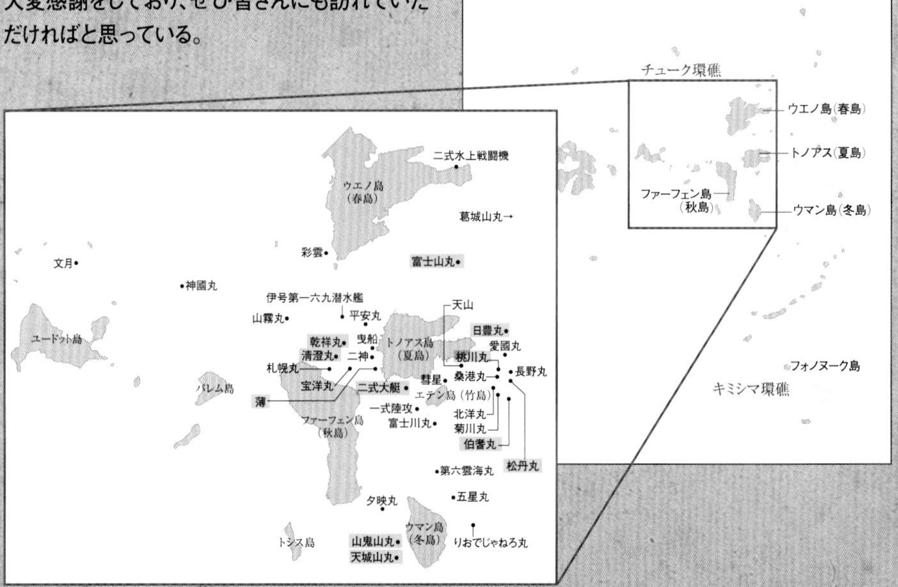

グアム島（アメリカ）

美しい海、水族館のような光景を目的に訪れる日本人ダイバーが多いであろうグアムの地に、レックポイントがあるということは、残念ながらあまり知られていない。レックポイントとしては、先の大戦でこの地に眠ることになった、日本の商船史を語る上で、非常に重要な一隻である「東海丸」がその筆頭だが、実は、第一次世界大戦中、補給のためにグアムに寄港していたドイツの船「SMS コーモラン」という船が、この地で降伏せずに自沈しており、「東海丸」はその「コーモラン」の上に重なるように沈んでいる。その結果、世界で唯一といえる、異なる世界大戦で犠牲となった艦船を同時に見ることのできる場所なのである。前作において「東海丸」を紹介させていただいたことから、本書では主にグアムに眠る航空機を紹介させていただいている。

パラオ（パラオ共和国）

グアムとフィリピンの中間、太平洋に浮かぶ島々から構成されているパラオ共和国。非常に親日的で、旅行者に大変人気の国である。2012年には世界でも数少ない複合遺産として世界遺産に登録された。

このパラオにも大小さまざまなレックが眠っており、そのほとんどが日本の艦船である。代表的なものとしては、前作で紹介した日本海軍のタンカーだった「石廊」や、零式水上偵察機が挙げられるが、本書においては新たに米軍機なども紹介させていただいている。

数年ほど前までは、戦争に関連するものとして、特に日系ダイビングショップは積極的にレックダイビングに取り組んではいなかった。しかし、戦後70年となる2015年に天皇陛下がパラオをご訪問されたあたりから、パラオの歴史に対して向き合う動きが広まり、初年度は「BLUE MARLIN」さん、翌年からは「DayDream Palau」さんとともに、継続してパラオの沈船群の撮影に臨んでいる。

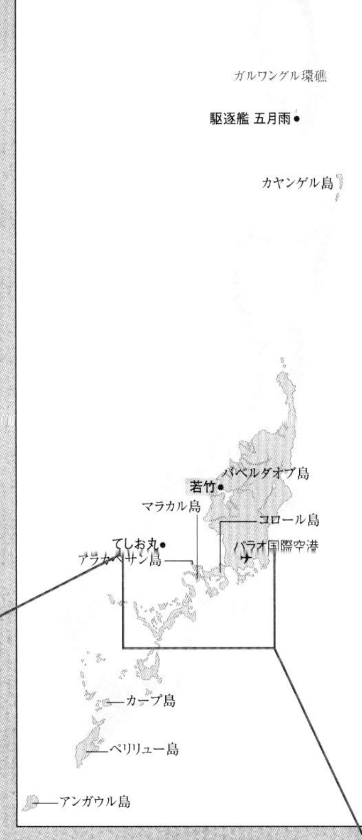

ソロモン諸島

ソロモン諸島といえば、「餓島」として知られるガダルカナル島、そして数次に及ぶソロモン沖海戦などの舞台となり、戦艦「比叡」を筆頭に、多くの艦船が眠ることからその名がついた「アイアンボトムサウンド（鉄底海峡）」が有名である。もっとも、海峡は大深度となるために、実際にダイビングで出会える艦船はそう多くはない。

今回、本書に収録されている艦船、航空機は、ガダルカナル島を中心に、同島の北西に位置するニュージョージア島のムンダや、そのすぐお隣のギゾといった島々を巡り撮影したレックが含まれている。南洋の宝石と謳われたソロモンの美しいエメラルドグリーンの海の中に鎮座する日本の艦船や航空機にぜひ皆さんも会いに行ってほしい。また、陸上にも多くの戦跡が観光資源として残っており、ぜひそちらも訪れてほしいと思う。

艦船の各部名称一覧

文／小高正稔　イラスト／ピットロード

船橋

軍艦で言うところの艦橋であり、いわゆる「ブリッジ」。外輪蒸気船時代に外輪部を跨ぐようにかけた「橋」の上から操船指揮をとったことが名称の由来である。船橋内には方位を示す羅針儀や機関室への指示に用いるテレグラフなどが装備されており、これらは沈没船の船橋でもしばしば確認できる。

煙突

日本における民間船舶は、昭和の初期からそれまでの蒸機タービンにかわってディーゼル化が進んでいる。排煙などが少なくなったために、ディーゼル化に伴い煙突は全体に小さくできるようになったが、デザイン上の問題から煙突の太さや高さは調整されることもある。平時は運航会社によって会社ごとのファンネルマークが描かれていた。

船室

客船や貨客船の場合、船橋の背後に乗客用の船室が続く形で船体上部構造物はデザインされる。船室のグレードは投入される航路などによってさまざまであり、竣工した時期によっても内装デザインを洋風とするか和風とするかなどの変遷があった。特設潜水母艦などでは、そのまま潜水艦乗員の休養などに使用されている。船室に面した外舷側の通路は天蓋を設けた開放式の通路となっており、プロムナードデッキと呼ばれる。

デリックポスト

デリックブームやデリックを操作するワイヤーの支点となる柱がデリックポストである。単脚や門型、太さや断面形状など形状はさまざまだが、これは船倉口とデリックブームのレイアウトのほか、運航会社や建造会社によるデザイン性も影響する。内部は中空の円筒構造のため、通風筒を兼ねるものなどもある。

デリックブーム

荷役に用いるデリックの「腕」。構造的には基部が自由に動く棒である。輸送船が自分で荷役を行うことの多かった時代には標準的な装備であったが、現代のようにコンテナ輸送が中心となり、岸壁につけて港湾側の施設で荷役するようになると廃れてゆき、現在の輸送船ではまず見ない。

主錨

船首には主錨（アンカー）が備わっている。錨は錨鎖（アンカーチェーン）と結合されており、揚錨機（ウインドラス）で操作される。海軍艦艇では艦首に主錨がすっぽりと収まる「アンカーレセス」と呼ばれる窪みを設けることも多いが、民間船では錨鎖の繰り出し口付近に「ベルマウス」と呼ばれる補強を設けることも多い。

砲と砲座

海軍に徴用されて特設軍艦籍におかれた船は、一般に艦首尾などに砲座を設けて自衛用の火砲を搭載している。対空機銃を搭載する場合は、船橋周辺に装備することが多かった。搭載火砲は旧式砲が中心で日露戦争時の艦艇などに搭載された15cm砲などの搭載が知られている。陸軍の徴用輸送船などでは船舶砲兵によって操作される陸軍の火砲で野砲や高射砲、対空機関砲などが適宜搭載された。

舵

船の進行方向を制御するための装置だが、釣り合い舵や半釣り合い舵など形式はさまざまである。現在では広く見られるバウスラスターのような装備は、第二次世界大戦期の貨物船では見られない。

喫水線　吃水　垂線間長　全長

推進器

スクリューやプロペラとも呼ばれる。大型軍艦では4軸推進なども多いが、民間の貨物船の場合は効率に勝る1軸か2軸推進が大半。スクリューは特殊鋼性の大型鋳造品で製造には高度な技術が必要とされる。

ビルジキール

船体底部に設置されたヒレ状の構造物、船の左右の動揺を抑えるためのもので、これがないと荒天下ではひどく動揺することになる。二等輸送艦のように直接海岸に乗り上げる運用の船にはない。海底で横倒しになったり、裏返しになっている船では確認できることがある。

揚錨機

揚錨機（ウインドラス）は、その名のとおり錨や錨鎖を巻き上げるための装備である。強度が必要であるために大きくガッチリとした作りとなっており、沈没船でもほとんどの場合、原型を保っている。

ウィンチ

デリックの操作のため、一般的には周囲の甲板上にはウィンチが設置されている。大正期の建造船では、機関から供給される蒸気を動力とする蒸気ウィンチも多かったが、太平洋戦争期の新造船では、多くが電動ウィンチとなっている。

愛國丸（1944年）

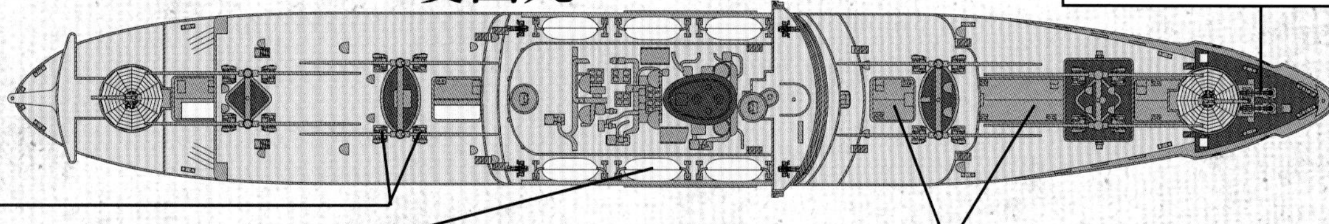

端艇（短艇）と端艇（短艇）甲板

貨物船・貨客船には乗員・乗客数に応じた救命艇の搭載が義務付けられており、こうしたボート類を搭載する端艇甲板があった。端艇甲板にはボート類の揚げ降ろしを行うためのボートダビットが装備されていたが、こうした装備は陸海軍に徴用された場合でもそのまま残された。これはカッターや小発といった小型の艦載艇は民間船のボートダビットでも運用できたからである。比較的大型の内火艇や大発の場合はこうした装備では運用できないため、甲板上に搭載してデリックで揚げ降ろしすることになる。

船倉口

貨物船や貨客船の甲板には、船倉への貨物の積み込み用開口部が設けられている。これが船倉口である。航海時の海水進入を防ぐために周囲には立ち上がりが設けられており、ハッチボードと呼ばれる板で蓋をした上からカバーをかけて密閉される。特設艦艇や輸送船として兵員や馬匹の輸送に使用される場合、船倉内に寝台などが設置され、船倉口のハッチボードを切り欠くかたちで昇降口や通風筒などを設置するのが常である。

全長と垂線間長

艦船の「長さ」を表す指標は数種類がある。一般的な感覚で「長さ」と考える場合は「全長」となるが、これは船渠への入渠や岸壁に接岸する場合に重要であるものの、民間船舶の長さを示す指標としては、必ずしもメジャーなものではない。民間船舶の場合に広く使用されるのは「垂線間長」であり、本書でも原則として徴用船や特設艦艇は垂線間長を採用している。

この垂線間長とは、前部垂線と後部垂線の間の距離を示すもので、船首水線部（喫水線の先端）から線尾材後端（一般的には、舵や推進器付近）までの長さとなり、全長よりも短くなる。こうした数値が用いられるのは商船設計に便利なためで、理由のあることであるが、しばしば全長や登録長、水線長（発音が同じでややこしいが、主に軍艦に用いられ、商船で用いられることは少ない）との取り違えが見られるので注意が必要である。

排水量と総トン数

軍艦では、その大きさを示す指標として「排水量」が広く用いられる。排水量は、大きなタライに軍艦を浮かべたときにあふれる水の量と考えればよく、その軍艦の「重さ」を示している。

基準排水量や満載排水量などは、どのような状態（燃料、弾薬などをどの程度まで搭載した状態か）による違いを表している。

一方で民間船舶の大きさを表すための主たる指標としては「総トン数」が用いられる。名称に「トン」が入っているために紛らわしいが、これは重量を表すものではなく、容積を表す指標である。総トン数1000トンの船の重量が1000トンというわけではない。

総トン数は、船舶の船体や上部構造物の密閉された空間容積によって算出されるので、船体に変化がなくても密閉された空間が増えれば総トン数は増え、開放されれば減少する。戦前の貨物船では一部の甲板に意図的に水密構造を持たせず、総トン数にカウントさせないための「減トンハッチ」をもつものあった。これは船舶への各種課税が総トン数を対象に算出されるためである。

太平洋の航空戦

太平洋戦争は島嶼争奪戦として戦われた戦争であったが、それは激しい海戦と同時に苛烈な航空戦を伴うものであった。空母機動部隊による真珠湾攻撃によって始まった太平洋戦争は、珊瑚海・ミッドウェー海戦といった1942年の空母戦、そしてソロモン・ニューギニアを巡る空母決戦と基地航空隊同士の航空撃滅戦を経て、トラック空襲、マリアナ沖海戦といった国家の命運をかけた決戦に進んだ。これらの一連の戦いでは、航空戦の勝敗が海戦や島嶼争奪戦の勝敗を決する大きな要因となった。

そして戦争の最終局面である1944年から45年のフィリピン決戦、沖縄決戦において、日本陸海軍は手段を問わない形での大規模な体当たり攻撃を実施したが、その中でも最大の規模で実施されたのは航空特攻「神風特別攻撃隊」であった。神風特別攻撃隊との戦いは、米海軍にも少なくない犠牲を強いた。沖縄近海に眠る米駆逐艦「エモンズ」は、その犠牲となった1隻だが、その船体の傍らには、「エモンズ」に突入した特攻機のエンジンが横たわっており、太平洋戦争末期の航空戦の実相を今に伝えている。

最終的に太平洋戦争は、原爆投下を含む米軍の日本本土空襲によって終結した。太平洋戦争は島々を巡る戦いであり、輸送の戦いであると同時に、空の戦いでもあったのだ。

このため太平洋戦争の激戦地となったガダルカナルやラバウル、サイパン、グァムなどのマリアナ諸島、そして小笠原や沖縄など日本近海の海底には、膨大な数の飛行機の残骸が眠ることになった。艦船よりも小さく華奢な飛行機の多くは、波や風の影響でやがて自然に還っていったが、それでもなお少なくない飛行機が海底に往時の姿をとどめている。こうした水底に残る飛行機の中には、今となっては他に現存する機体のないものも存在する。それは往時の航空技術を伝える貴重な技術遺産であると同時に、かつてそこで生きて死んだ人々の記憶を刻む、もう一つの「蒼海の碑銘」でもある。

零式観測機

九九式艦上爆撃機

F6Fの胴体は、上下の幅は大きいのだが、左右の幅はエンジンに合わせて絞られている。F4Uに比べると、操縦席は主翼に対してかなり前方に位置する。主翼のフラップは、主翼の折り畳み部分で分割されており、外側のものは、羽布張り。F6Fのフラップは、着陸時に下ろすと速度に応じて角度が自動にコントロールされる機能が備わっていた

写真解説／宮崎賢治

風防が開いているので内部を見ることができるが、座席は上部を残してほとんどが失われており、左右の座席支柱が見えている。F6Fの風防の開閉は、操縦席にあるハンドルを回して行う方式である

カウリングのパネルが失われているほかは、大きな損傷はない。このF6F-3は、1943年9月16日にムンダ飛行場からバラレ島攻撃に参加したB/N(機体番号)25839、Betsy-II号で、味方のF4Uコルセアに撃たれ不時着している

F6F ヘルキャット

DATA

全幅	13.06m
全長	10.24m
全高	4.39m
全備重量	5,704kg
エンジン	R-2800-10W 空冷星形18気筒(2,000馬力)
最大速度	599km/h
航続距離	2,157km(増槽使用時)
武装	12.7mm機銃 6挺 爆弾 2,000ポンド、1,600ポンド、1,000ポンド、500ポンド爆弾いずれか1発(胴体下)、1,000ポンド、500ポンド、250ポンド爆弾いずれか2発(主翼下)、最大4,000ポンドまで
乗員	1名
初飛行	1942年6月

沈没地点
ソロモン諸島・ギゾ島近海
ファーガソンパッセージの東
水深　10m

1944年春、空母ヨークタウン艦上のF6F-3(Photo/USN)

【海底への道程】

「グラマン」として戦争中の日本人にも広く知られたアメリカ海軍の艦上戦闘機、グラマンF6Fは1943年に戦場に登場し、アメリカ海軍機動部隊による対日反攻の原動力となった戦闘機である。グラマン社製戦闘機の伝統に則ってつけられた「猫」を冠したペットネームが「ヘルキャット」である。

対日戦後半に登場し、零戦を圧倒したことから、しばしば零戦を研究して開発されたとされるF6Fであるが、実際には開発時に零戦の詳細な性能は知られておらず、想定されたライバルは英仏海峡上空でスピットファイアを圧倒したドイツ空軍のフォッケウルフFw190Aである。なおアメリカ海軍が構想した艦上戦闘機の本命はボート社のF4U「コルセア」であったが、着艦性能に難のあるF4Uの空母搭載機としての実用化の遅れから、本来は「保険」的な性格の強かったF6Fが主力艦上戦闘機として広く運用されることになった。

堅牢な機体に2000馬力級エンジンR-2800を備え、12.7㎜機銃6挺を搭載したF6Fは「重戦闘機」のイメージがあるが、実際には艦上戦闘機として開発されたために翼面積が大きく、良好な運動性能をもつ反面、最大速度は2000馬力級戦闘機としては控えめな599㎞/hにとどまっている。だが、この機体性能は、比較的低速で運動性の良い日本陸海軍機との対決には相性がよく、日本陸海軍機にとっての天敵となった。

ギゾ島沖の海底で撮影された機体は初期生産型のF6F-3で、後期に生産されたF6F-5とは風防など細部に外観上の相異がある。

F6F-3には、プラット・アンド・ホイットニーR-2800-10が採用されている。これは、第二次世界大戦で傑作といわれるエンジンの一つで、空冷星形18気筒に二段二速過給器を装備し、最高出力は2,000馬力に達している

操縦桿も含めて、操縦席内部には主要な部品がほぼすべて残っている。海藻などが付いているため分かり難いが、計器板には、F6F-5 にあるリフレクターパネルがないことが見てとれ、F6F-3 のものだと判別できる

主翼には、コルト・ブローニングM2 12.7㎜機関銃が片翼に3挺ずつ装備されている。弾数は、各銃とも最大400発の搭載が可能だった。主翼の付け根付近には、ガンカメラ用の窓も見えている

【海底での邂逅】

ソロモン諸島・ギゾ島をベースにすることで出会うことができるこのF6Fヘルキャットは、ギゾ島に唯一あるダイビングショップ「dive gizo」にお世話になるとよいだろう。

ギゾ島へはまず、日本からパプアニューギニア・ポートモレスビーを経由してソロモン諸島・ガダルカナル島のホニアラ国際空港を目指す。しかしながら、本稿を執筆しているコロナ禍の状況下において、パプアニューギニアへの直行便は運休しており、今後は他の経由地を利用しなければならなくなる可能性もあるので注意が必要だ。

ホニアラから国内線の小型機に乗り換え、本書でもたびたび登場するニュージョージア島・ムンダを経由し、ようやく到着するのがギゾである。地図がないと位置関係が分かりにくいかもしれないが、ガダルカナルからギゾの距離を同程度さらに進むと、あの山本五十六長官機が墜落したブーゲンビル島がある。

そんなギゾの街から25㎞ほど離れたファーガソンパッセージと呼ばれる海峡の東に眠るこの機体は、ギゾ島のダイビングポイントとしてはかなり遠い場所となる。しかしながら水深10mと非常に浅いところにあることから、ダイビングだけではなく、スノーケルなどでも見ることができるのが特徴で、太陽光などが降り注ぐと黄金色に輝き、大変きれいな状態で残っていることから、一見の価値があるだろう。本書では紹介できなかったが、このギゾには「東亜丸」といった日本の〝レック〟も存在しており、またいつか皆さんにご紹介できるタイミングがあればと願っている。

F6Fには、-3と-5 があるが、外観的にはほとんど違いがない。そのなかで一番変化が見られるのが風防周辺である。この機体は、-3初期に使用された第一風防を備えており、後方のぞき窓もあるので-3と確認できる

頑丈な造りのF6Fだが、初期には水平尾翼のフラッターにより、尾部が飛散し墜落するという事故も起きている。このため、尾部が強化されるまで急降下速度は391ノットに制限されていた

写真解説／宮崎賢治

住友ハミルトン油圧可変ピッチプロペラは、3枚とも曲がっていることから、プロペラが回転している状態で落ちたのであろう。この点は、現地で伝えられている離陸時の墜落という話しと合致している

左主翼と栄発動機部分は、同じ位置に沈んでいる。これ以外に右主翼があるが、ほかの大きな部品は、見つかっていないそうだ。主翼、発動機に比べて操縦席周辺や後部胴体は、軽いので、流されてしまったのかも知れない

左主翼と栄発動機。主翼は、中央のやや右側で折れており、手前には、統一型増槽の懸吊装置部分が見える。爆弾の揺れ止め金具は、取り付けられておらず、墜落時に爆弾は搭載していなかったと考えられる

零式艦上戦闘機

1944年9月、米軍に鹵獲されテストされる五二型（Photo/USN）

DATA（五二型）

全幅	11.0m
全長	9.121m
全高	3.57m
全備重量	2,733kg
エンジン	栄二一型 空冷星形14気筒（1,130馬力）
最大速度	565km/h
航続距離	1,921km（正規）
武装	20mm機銃 2挺 7.7mm機銃 2挺 爆弾 30kg、または60kg爆弾 2発
乗員	1名
初飛行	昭和14（1939）年4月

沈没地点

小笠原諸島・父島　二見湾

水深　37m

【海底への道程】

一般に「ゼロ戦」で知られる「零式艦上戦闘機」＝「零戦」は、太平洋戦争期の日本海軍を代表する戦闘機として内外でも高い知名度を誇る機体である。零戦は本来、艦隊決戦時に味方艦隊の上空をエアカバーして敵観測機を排除することを目的に開発された。しかし防空戦闘機として求められた長大な滞空時間は、実際の戦争では侵攻制空戦闘機としての活躍を担保することになった。

太平洋戦争開戦前、中国戦線でデビューした零戦は、昭和20（1945）年の敗戦の日まで改良を繰り返しつつ戦い続けたが、ここに紹介する零戦五二型乙は戦争後期に登場した形式である。

零戦は1000馬力弱の栄一型を搭載エンジンとして開発されたが、当初から1000馬力超の栄二型の採用を念頭に置いており、エンジンを換装した三二型が本命だった。この三二型を改良し、翼端の成形や推力式単排気管の採用によって性能向上を図ったタイプが零戦五二型である。

乙型は五二型の武装強化型として登場したサブタイプで、甲型で導入された翼内銃のベルト給弾化（従来はドラム弾倉）による携行弾数増加に加え、右側胴体銃を7・7㎜機銃から13㎜機銃に強化している。胴体銃強化が片側だけなのは、大型化した機銃が操縦席内にはみ出すため、操縦席左側前部のスロットルレバーと干渉するからだ。

零戦の生産は三菱と中島の二社で行われたが、乙型は三菱のみで生産され、生産数も比較的少なく、完全な形での現存機は知られていない。写真に収められたこの機体は貴重な存在である。

左主翼は、比較的ダメージが少なく全体形をよく保っている。五二乙型は、主翼にベルト給弾の二号四型20㎜機銃を搭載し、主翼の強化により急降下制限速度も400ノットまで高められていた

零戦五二乙型は、右側の胴体銃を13.2㎜機銃に変更した武装強化型で、昭和19年5月から生産された。この型は、三菱だけで生産されたことがほぼ間違いなく、この機体も三菱製であろう

エンジン近くに落ちている機銃弾。多数の機銃弾が固着して塊になっている。この機体は爆弾を懸吊する代わりに、機関銃の弾をたくさん詰め込んでいたという

【海底での邂逅】

東京・港区の竹芝桟橋から、定期船「おがさわら丸」に乗船し約24時間。目的地である小笠原諸島・父島の二見港に到着する。この二見湾はかつて海軍飛行場のあった洲崎地区に隣接しており、その目の前、水深37mに、この零式艦上戦闘機五二型乙のエンジンと主翼が存在している事実は、島民にもあまり知られていない。

ポイントに到着し、ボートよりエントリーすると、海底はなだらかな傾斜となっている。水深を落としていくと、徐々にその姿が現れる。零戦のエンジンと主翼だ。

主翼の片方はエンジンに寄り添うように並んでいるものの、もう片方の主翼は数十m離れた場所に存在している。しかし、操縦席から尾翼にかけての胴体部分はそこに見当たらない。周辺を捜索してみたものの、残念ながら現在まで見付けることはできていないので、もしかしたらこの部分は流されてしまったのかもしれない。

エンジンのすぐ近くには機銃弾が塊で落ちている。当時のことを知る人によると、体当たり攻撃をするための爆弾を吊る装置がなく、その代わりに機関銃の弾をたくさん詰め込んでおり、それらの機銃弾ではないかとのことだ。

現在、この機体がある付近では、小笠原空港建設のための調査が行われている。もし空港がこの洲崎の地に建設されることになるのであれば「この零戦も埋め立てられてしまうのではないか……」と現地の方が心配そうに話していたのが印象的だった。今後もこの機体の推移を見守りたい。

1／プラグコードも残っている栄発動機は、減速室上部にあるプロペラ調速機への給油管が確認でき、三一型だと分かる。その後方が、機銃を搭載した胴体上面部分である。その後方にあったはずの風防以降の胴体は、失われている
2／左主脚には、タイヤも残っている。主脚の根元には、主桁部分が露出しているが、ここに五二丙型から追加された13㎜機銃用の孔が確認できないので、胴体の13㎜機銃と合わせて五二乙型であることが確認できた
3／少し離れた場所にある右主翼部分で、こちらも全体形は保たれている。主脚は、完全に出た状態であることから、この零戦が落ちたときは、脚が出された離陸、もしくは着陸態勢だったと推測できる。主脚の右側には、九九式二号四型20㎜機銃の銃身が見える

栄発動機の後方には、胴体が少し残っており、写っているのは、左側面である。ここには見えないが、胴体右側に搭載された三式13㎜機銃と左側の九七式7.7㎜機銃の存在が確認できている

写真解説／宮崎賢治

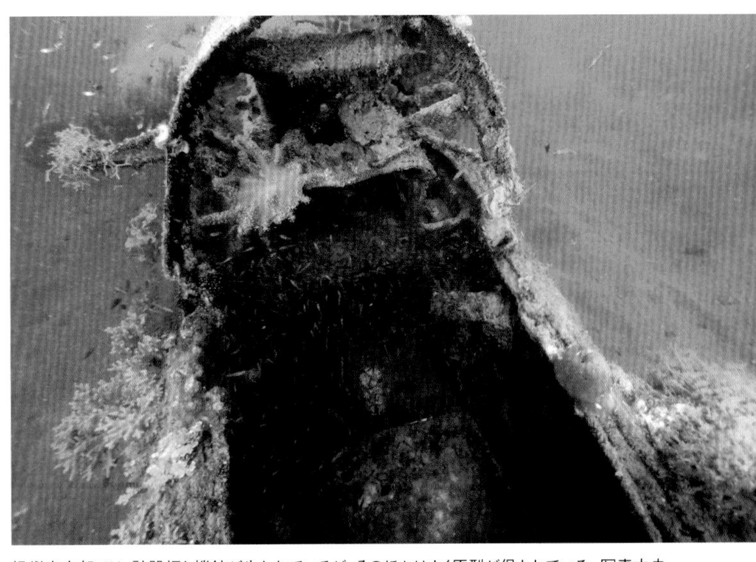

操縦席内部では、計器板と機銃が失われているが、そのほかはよく原型が保たれている。写真中央上の海藻類が付着した防弾ガラス下端には、SBD-4まで使われた望遠鏡式爆撃照準器を通す穴が見える

本機に搭載された空冷星形9気筒のライトR-1820-52 サイクロン9。R-1820は、B-17にも使用されたエンジンで、-52は1,000馬力だが、SBD-6に搭載された-66では、1,350馬力まで出力が向上している

カウリング上面には、胴体に搭載された口径12.7㎜のM2機関銃用の溝が見える。急降下爆撃機であるドーントレスは、十分な機体強度により高負荷がかかる機動が可能であり、戦闘機を代替する運用も考えられていた

SBD ドーントレス

1943年秋、空母ヨークタウン艦上のSBD-5（Photo/USN）

DATA（SBD-5）

全幅	12.66m
全長	10.09m
全高	3.94m
戦闘重量	4,719kg（1,000ポンド爆弾爆装時）
エンジン	R-1820-60 空冷星形14気筒（1200馬力）
最大速度	406km/h
航続距離	1,794km
武装	爆弾 1600ポンド、1000ポンド、500ポンド いずれか1発（胴体）、325ポンド、100ポンド いずれか2発（主翼） 爆雷 2発
乗員	2名
初飛行	1940年5月

沈没地点
ソロモン諸島・レンドバ島の北
水深　17m

【海底への道程】

SBDドーントレスは第二次世界大戦期のアメリカ海軍を代表する艦上爆撃機である。アメリカ海軍、海兵隊、陸軍（A-24 バンシーの名称で採用）などで運用され、後継機のSB2C登場後も第二次世界大戦終結まで現役にとどまり続けた傑作爆撃機である。

SBDはダグラス社製の航空機だが、開発が始まった当初はXBT-2という名称を与えられており、ノースロップ社で開発されていた。だが本機の開発中にノースロップ社がダグラス社の一事業所となったため、名称も変更されている。こうした混乱はあったが、エド・ハイネマン（彼は後にAD-1スカイレーダー、A-4スカイホークなど、戦後に至るまで多くの傑作機を設計することになる）らの設計チームは温存され、開発は順調に進行した。

アメリカ海軍は艦上爆撃機に対して急降下爆撃能力と、偵察機としての能力、さらに状況に応じて複座戦闘機としても使用できる能力を求めていた。SBDはよくその要求に応え、最大で1600ポンド爆弾の搭載が可能な爆撃力と、良好な運動性能を両立している。全般的な性能では、ほぼ同時期に開発、運用された日本海軍の九九式艦上爆撃機を上回る高性能機であった。

太平洋戦争では珊瑚海海戦やミッドウェー海戦といった戦争前半の主要海戦で艦上爆撃機として大きな働きを示しており、ソロモン諸島をめぐる攻防戦でも日本軍と死闘を繰り広げた。

レンドバ島に沈むSBDも、そうした経緯を経て海底での眠りについた一機なのだろう。

7.62mm機銃2挺を旋回銃として積んだ後部の銃手席。ドーントレスの後席搭乗員は、通信と後席旋回銃を担当していた。可動風防は、すべて開かれており、写真奥が前席。後席の可動部が四重に重なって収まっている

操縦席は、視界を重視する艦上機らしく主翼の前半に位置し、可動風防が胴体下方まで食い込む形で延びている。加えて操縦席の幅もそれほど広くないため、操縦席前下方の視界は、非常に良好なものとなっている

風防はフレームだけだが、風防内前面に配置された防弾ガラスは、海藻類が付着しているものの完全な状態で残っている。後方には、パイロットを保護する防弾鋼板と機体を吊り上げるためのスリングも確認できる

SBDドーントレス

【海底での邂逅】

ソロモン諸島・ニュージョージア島ムンダ。ガダルカナル島にある国際空港から国内線に乗り換えてすぐ到着するこの街にあるダイビングサービス「DIVE MUNDA」にお世話になる。

このムンダには日本軍機や貨物船「櫑丸」といった日本のレックがあるのだが、それ以上に、今回紹介したドーントレス(20ページ)を筆頭に、ヘルキャットやワイルドキャットなど、米軍機も多く眠っている。

このSBDドーントレスは、ムンダの街からボートで南に約60分、レンドバ島のすぐ近くに眠っている。水深は17m。現地ではドーントレスを開発した会社から命名したのだろうか、「ダグラスボンバー」というポイント名で呼ばれており、すぐ近くにはP-39エアラコブラも眠っている。

このドーントレスはプロペラの曲がり具合からも分かるように、不時着水をしてこの地に眠ることになったという。このときはあまり透視度がよくなく、きれいに全体を写すことができなかったのだが、全体的に見ても大変良好な状態で残っている。

現地の話によると、この機体は所属や出撃日まで分かっており、搭乗員は無事だったとのこと。世界各地で日米双方の航空機に潜っているが、特に日本の航空機においては機種や地理的な判断から所属までは予測できたとしても、搭乗員まで分かることは皆無に等しい。さらには50年後に無事だったパイロットがこの地に戻り、自機であるこのドーントレスにダイビングしたという興味深いエピソードもあり、さすがアメリカと考えさせられてしまうのであった。

1／胴体後部上面は、内部へ入ろうとしたためか、外板の一部がめくられている。後部胴体は発動機の大きさと比べてかなり絞り込まれ、これにより機体が小ぶりに見えるのだが、全長10m、全幅12.7mとグラマンF4Fより一回り大きい
2／ドーントレスは、SBD-1から-6まで生産されたが、外観が大きく変わる変更は行われていない。尾部周りでも外観上の変更点は、尾脚だけである。垂直尾翼には、ノースロップBT-1に似たラインが残っている
3／主翼の右手側には、特徴のあるダイブブレーキが確認できる。このダイブブレーキは、ドーントレスの祖先といえるノースロップBD-1で開発されたもので、多数の穴で開いたダイブブレーキの後方気流を安定させている

ノースロップBD-1はダイブブレーキが原因で尾翼にバフェッティングが生じ、ダイブブレーキに多数の穴を開け解決した。ドーントレスでは、この対策が反映されたため、尾翼にバッフェッティングは発生しなかった

九九式
艦上爆撃機

九九艦爆の特徴である楕円翼と急降下爆撃機の証明ともいえる抵抗板(ダイブブレーキ)がよく分かる。楕円翼はドイツのハインケル社から影響を受けている。全幅は14.36mあり、かなり大型の飛行機だった。機体の周りにいるダイバーと比べてもその大きさが理解できるだろう

写真解説／宮崎賢治

九九艦爆二二型に搭載された金星五四型。三菱製発動機に見られる特徴的なブッシュロッドが確認できる。プロペラも発動機換装に合わせて、一一型の直径3,050㎜から3,200㎜と大型化された

左主脚のオレオ部分はさびておらず、車輪にはタイヤの一部が残っている。引込脚の経験が乏しかった昭和11年という試作開始時期と試作時に発生した諸問題を考えると、妥当な判断だったといえる

九九艦爆二二型は、昭和19年6月のマリアナ沖海戦に空母艦載機として参加したが、グアム島へ着陸に入るときを襲われ、大きな損失を出している。あるいはこの機体も、マリアナ沖海戦に参加した艦載機だったのかもしれない

九九式艦上爆撃機

(Photo/SDASM)

DATA(二二型)

全幅	14.360m
全長	10.231m
全高	3.348m
全備重量	3,800kg
エンジン	金星五四型 空冷星形14気筒(1,300馬力)
最大速度	427.8km/h
航続距離	1,050km
武装	7.7mm機銃 3挺(固定2、旋回1) 爆弾 250kg爆弾 1発 60kg爆弾 2発
乗員	2名
初飛行	昭和13(1938)年

沈没地点

グアム・アプラ湾の北

水深　26m

【海底への道程】

楕円翼や固定脚が特徴的な九九式艦上爆撃機の開発は、昭和11（1936）年に十一試艦上爆撃として三菱重工業、中島飛行機、愛知時計電機（後に航空機製造部門が愛知航空機として独立）に対して試作が指名され始まった。しかし三菱が開発を辞退、さらに中島の試作機は海軍の指定した期限に間に合わずに失格。結局、愛知機単独での審査となり、最終的に愛知機が九九式艦上爆撃機として採用となった。もっとも愛知機も初期の試作機は不意自転など多くの問題を抱え、実用化までさまざまな苦労があった。

日本海軍における急降下爆撃機の開発は、戦闘機や二座水偵などでの試験と並行し、ドイツのハインケル社から技術導入を図って進められた経緯がある。愛知によって開発された本機にも楕円翼の採用など、技術的な影響が見てとれる。

昭和14（1939）年から部隊配備の始まった九九艦爆は太平洋戦争前半の日本機動部隊の一翼を担い、真珠湾攻撃などに参加している。中でも昭和17（1942）年のインド洋作戦で、空母「蒼龍」「飛龍」の艦爆隊が8割を超える命中率で英巡洋艦2隻を撃沈した活躍は有名である。

開戦時に配備され、こうした戦果を記録したのは一一型であるが、その性能が陳腐化することは予想されており、エンジンを1300馬力の金星五四型に換装し機体にも改良を加えた二二型が開発され、昭和18（1943）年から実戦投入された。二二型は、マリアナ沖海戦など戦争後半の海戦にも参加し、本稿で紹介するグアム島海底に眠る機体も戦争中期以降の主力となった二二型である。

手前左から奥に見える骨組みは、補助翼のもので、奥側で立った状態の細長い板が抵抗板。九九艦爆は、試作時に補助翼のとられや不意自転などの問題解決で苦労したが、二二型ではそれらの不具合がほとんど解決されている

偵察席から操縦席側を見ると、後席の風防はすべて前方に移動された状態。写真中央の風防内に見える台には羅針儀が付き、その台にある穴は、精密高度計取付部である。その左の水平儀はまだ残っているようだ

左主翼は、主脚の位置からみて、かなり根本で折れていることが分かる。右手に見える翼後端の骨組みはフラップのもの。フラップも二二型で変更された部分で、胴体側に460㎜延長、拡大されている

【海底での邂逅】

常夏の楽園、グアム。コロナ禍前までは日本人も多く訪れる人気の観光地だったこの島は、かつて大宮島と呼ばれ、太平洋戦争の激戦地の一つであったことは今の若い世代は知らないのではないだろうか。

その結果、さまざまなレックが存在することになったのだが、そのほとんどはかつて日本海軍の基地のあったグアム中西部にあるアプラ湾に集中している。代表するレックとして、前作「蒼海の碑銘」で紹介した貨物船「東海丸」、本書でも登場する零式水偵、そしてこの九九式艦上爆撃機が水深26ｍに眠っている。残念ながら主翼の半分は折れており、海底に脱落している状態だ。操縦席から後ろ、尾翼に至っては、付近に見つけることはできなかった。

機体は海底に突き刺さるような形となっているのだが、これは墜落によるものではなく、以前、機体を引き上げようと試みた結果、失敗してこのような形になったとのこと。その中で主脚の部分が新品のように銀色に輝いており、大変驚いたことを思い出す。通常、他の写真の状態と同様に、錆やカイメンなど付着物が付き、輝きを失ってしまうのだが、このような輝きを保ち続けているのは、何かのキッカケで新しく剥き出しになった箇所なのか、定期的に訪れるダイバーによって磨かれている可能性もある。

余談だが、グアム島の太平洋戦争博物館という施設には九九艦爆の尾翼が野外展示されている。出所が定かではないその尾翼が、もしかしたら、この九九艦爆のものかもしれないという話もあるが真偽のほどは今のところ不明である。

1／右主翼と尾部は折れ、胴体の下にはエンジンとプロペラが見えている。胴体下面に見えるパイプを使用した構造物は、250kg爆弾投下誘導枠で、爆弾投下時にプロペラ圏外に爆弾を送り出すもの
2／尾部が折れているため、前方を見ることができる。ここには救命筏、信号灯などを収納する場所があり、この奥には旋回機銃の弾倉収容部がある。その弾倉収容部から前が偵察席となる
3／九九艦爆二二型では風防周りが見直され、後席の旋回機銃の操作性も大きく向上している。空戦も可能とはいえ、艦爆が戦闘機と対等に空戦ができるわけではなく、敵戦闘機に対しては旋回機銃が重要な防御兵器であった

エンジンは裏返った機体の下敷きになっている。九九艦爆二二型は、離昇出力1,300馬力の金星五四型に換装することで、一一型から大幅な性能向上を達成している。同時代の諸外国機と比べても遜色ない性能だった

1942年に撮影されたB-17E（Photo/USAF）

B-17 フライング フォートレス

写真解説／宮崎賢治

副操縦士席前にあった計器板の一部。いくつかの計器は、まだ残っている。ここには、燃料圧力計、油圧計、油温計など、エンジンコントロール関係の計器が取り付けられていた

左主翼の内側に位置するプロペラと発動機。「神川丸」の戦闘詳報には、両翼内側の発動機が停止していたとあり、この曲がりのないプロペラの状態と合致する。プロペラは、直径3.53mのハミルトンスタンダード製三翅である

DATA（E型）

全幅	31.64m
全長	22.8m
全高	5.82m
離陸重量	3,0781kg
エンジン	R-1820-65 空冷星形14気筒（1,200馬力）4基
最大速度	522km/h
航続距離	2832km
武装	12.7mm機銃 9挺 爆弾 最大1,900kg
乗員	10名
初飛行	1939年12月

沈没地点
ソロモン諸島・ガダルカナル島・シドマリーフ沖
水深　15m

機体は破損が大きく、右主翼は根元で折れて傾き、胴体も動力銃座付近のフレームと操縦席周辺の床から下が残るだけという状態である。あるいは、米軍による後部胴体引き上げに伴う破損もあるのかもしれない

【海底への道程】

ドイツ本土への昼間爆撃の印象が強いB-17だが、本機は太平洋戦域でも１９４３年にB-24に置き替えられるまで、アメリカ陸軍航空隊の主力爆撃機として運用された。

B-17の開発着手は意外に古く、１９３４年にボーイング社においてアメリカ陸軍航空隊向けの新型爆撃機として開発が始まっている。翌年に完成した試作機は高性能であったが、高コストであったことから調達は容易に進まず、生産が本格化するのは１９４１年以降である。

太平洋戦域ではフィリピン防衛の要として配備が進められたが、開戦直後の空襲によって多くの機体が在地で破壊されてしまい、その真価を発揮するのはミッドウェー海戦以降のことになった。特にガダルカナル島争奪戦から始まるソロモン諸島をめぐる攻防戦では、哨戒、航空撃滅戦、対艦攻撃に活躍し、日本軍を苦しめた。B-17の機体構造は旧式であったが堅牢であり、日本軍戦闘機の迎撃や対空砲火を受けても容易に墜落せず、損傷を受けても帰還に成功することも多かったのである。

ガダルカナル島に沈むB-17Eもそうした経緯をへて海底に至った一機である。この機体は第11爆撃航空軍第42爆撃飛行隊所属であることが確認されており、１９４２年9月24日のショートランド泊地への爆撃で特設水上機母艦「神川丸」飛行隊の二式水上戦闘機らの迎撃を受け損傷したものの逃走に成功。ガダルカナル島近くに不時着水して水没したのである。なお、本機の後部は１９４４に引き揚げられており、主翼と胴体前部のみが現存している。

左から見たB-17の前部胴体と胴体上部に設置された動力銃座。E型は、武装が大幅に強化された型で、この動力銃座に加え、胴体下にも動力銃座を備えた。尾部銃座も後部胴体の設計を大きく変更し追加されている

左主翼を翼端側から胴体側に見ると、左主翼はまだ状態がよいことが分かる。主翼内には多くの燃料タンクが収められているが、B-17の防弾装備は充実しており、20㎜機銃をもってしても撃墜は難しかった

操縦席付近の外皮部分は失われているが、操縦席部分には操縦桿が残っており、左右の操縦桿の間には、B-17の特徴的なスロットルレバーも見える。左が操縦士席で、右が副操縦士席となる

B-17 フライングフォートレス

【海底での邂逅】

ソロモン諸島・ガダルカナル島にある首都ホニアラをベースに、お世話になっている「TULAGI DIVE」のガイド陣が運転するトラックに乗り込み、北西に45分ほど海沿いを走ると辿り着く、ンドマリーフと呼ばれるビーチ。このビーチには「B-17ダイブ&バンガロー」という施設がある。道路にも看板が出ているので、非常に分かりやすい場所である。

このビーチから沖に向かって約50m、水深15mほどに眠るのが、B-17フライングフォートレスだ。機体の一部は引き上げられたという話があるが、主翼やエンジン、機体には動力銃座、露出した状態の操縦席には操縦桿が左右ともに残っており見所の多い機体である。

このンドマリーフを含むアイアンボトムサウンド（鉄底海峡）に面するビーチには、ダイバーがアプローチすることが可能なレックとして、このB-17以外にも日本の貨物船「鬼怒川丸」や「宏川丸」「九州丸」、本書でも登場する伊号第一潜水艦（92ページ）など、多くの艦船があるのだが、実はコロナ禍の直前に土地開発に関わる島の森林伐採により、大量の土砂が海に流れ込むという事態が発生し、周辺海域の透視度が落ちてしまっていた。

あの話から数年が経過した現在、現地はどのような状況になっているのか。以前であれば朽ち逝く船体や機体は漁礁となり、海面から降り注ぐ光の中をさまざまなお魚たちが舞い踊る光景を目にしていた。近い将来、また訪れたいと思っており、そのときには事態が好転し、少しでも美しい光景を取り戻してもらえたらと願っている。

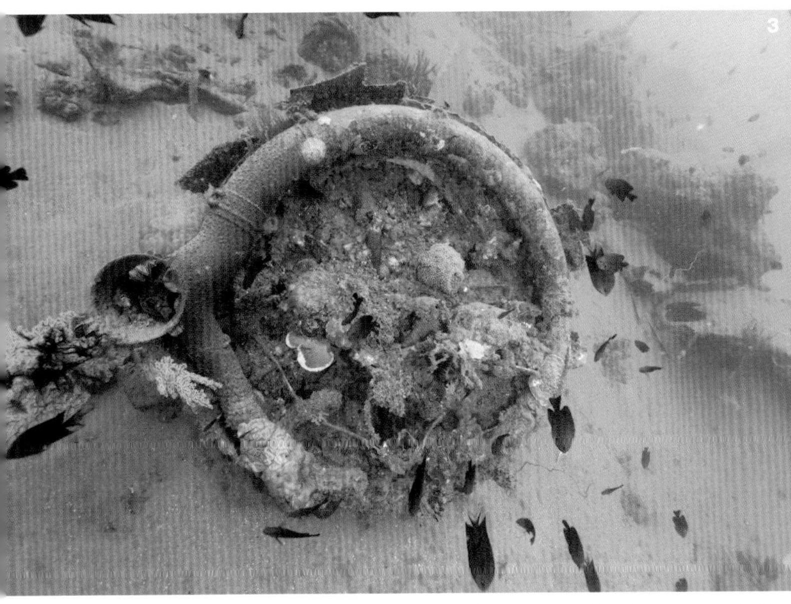

1 ／右主翼のエンジンナセル。B-17は1943年前半に太平洋側への配備が終わり、B-24に切り替えられていった。このため、日本軍が太平洋戦域で遭遇したB-17は、その多くがE型であった
2 ／プロペラはフルフェザリングに近い位置にあり、この発動機が着水時に停止していたことを表わしている。「神川丸」の戦闘詳報によると、発動機以外には、左主脚と尾脚が飛び出したことが書かれている
3 ／B-17には、空冷単列9気筒1,200馬力のライトR-1820発動機が4基搭載された。排気タービンを装備しているため、各シリンダーの排気は集合管で集められ、エンジンナセル下側にある排気タービンまで導かれた

右主翼のエンジンナセル周辺。エンジンは両方とも脱落している。B-17のエンジンナセルには、排気タービンが収まっているが、内側のナセルには、主脚も収容される

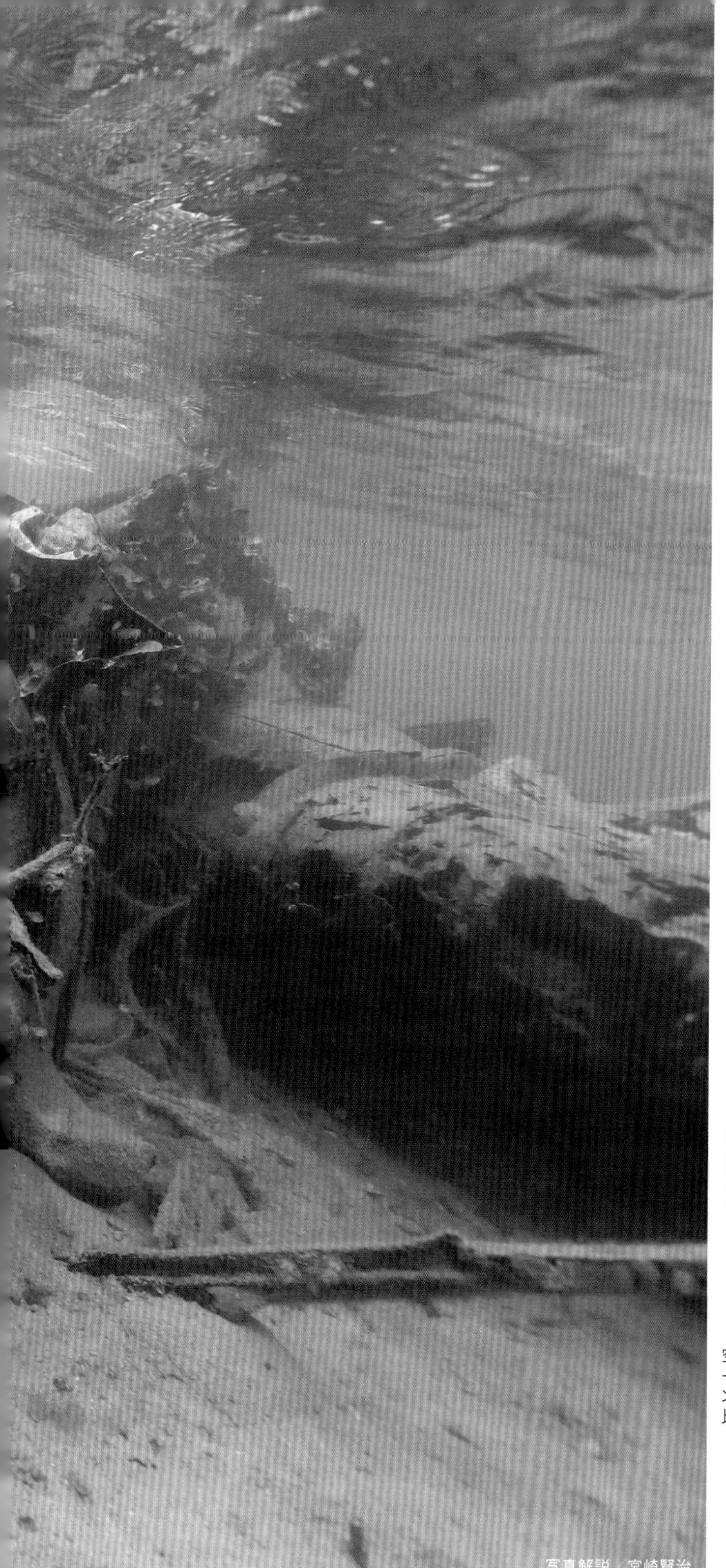

主翼の横にあったGE製B-2排気タービン過給機。B-24は排気タービンなしで量産が始まったが、高高度性能と速度性能を向上させるため、C型以降は排気タービンが装備された

翼端部分は原型を保っている。B-24の主翼は、アスペクト比11.55という、当時としては、非常に大きな値をとったものだった

空冷14気筒のプラット・アンド・ホイットニーR-1830ツイン・ワスプとハミルトン・スタンダード製油圧定速の3翅プロペラは、比較的原型を保った状態で残っている

B-24
リベレーター

写真解説／宮崎賢治

1943年、ヨーロッパ戦域のB-24D（Photo/USAF）

DATA（J型）

全幅	33.53m
全長	20.47m
全高	5.49m
全備重量	25,400kg
エンジン	R-1830-65 空冷星形14気筒（1,200馬力）4基
最大速度	475km/h
航続距離	3380km
武装	212.7mm機銃 10挺 爆弾 最大4,000kg
乗員	10名
初飛行	1939年12月

沈没地点

パラオ共和国・コロール島ニッコー湾

水深　1m

【海底への道程】

B-24リベレーターはB-17、B-29と比較して日本での知名度はさほど高くないが、1943年以降の太平洋戦線におけるアメリカ陸軍航空隊の主力重爆撃機である。日本陸海軍にとって戦争中期以降のアメリカ軍の「重爆」とは、本土上空に飛来したB-29を除けば主にB-24であり、たやすく撃墜できない強敵と認識されていた。

飛行艇を多く手がけていたコンソリデーテッド・エアクラフト社が四発重爆撃機を解発する契機となったのは、1938年に米陸軍からB-17のライセンス生産の依頼を受けたことであった。しかし、コンソリデーテッド社はこれを断り、その代わりに、自社による新設計の四発爆撃機の開発を提案し、アメリカ陸軍の了解を得た。

この新型爆撃機は双発飛行艇モデル31の設計を下敷きにして開発されたため、幅の細い高さのある胴体や、高翼配置の細長い主翼など、飛行艇的な特徴をもっていたが、B-17と比較して設計が新しいために速度や航続距離に勝っていた。このため1942年以降、本格的に量産され実戦投入されたB-24は、ルーマニアのプロイェシュティ油田爆撃など、長大な航続力が必要な作戦で活躍した。

1943年以降、本機は航続力が不足気味であったB-17を置き換える形で太平洋戦線における主力重爆撃機となっていった。ソロモン・ニューギニア方面からパラオ、フィリピン、日本本土空襲と、時に損害を出しつつも、1945年まで続く対日戦のさまざまな戦域で戦った。パラオに眠るB-24もこうしたB-24のうちの一機である。

船上から見たB-24の右主翼。浅い場所にあるために形がはっきりと分かり、エンジンと主脚収容部も判別できる。B-24の翼幅は、約33.5mなので、この右主翼だけでも15mほどあることになる

1943年以降の太平洋戦争では、「コンソリ」と呼ばれたB-24が米軍の重爆撃機の主役となった。日本陸海軍の戦闘機にとって、コンソリは撃墜することが難しい相手で、その対策がさまざまに検討された

R-1830には排気タービンにつながる集合排気管が付いている。エンジンの後ろ側は、本来、吸気用のダクトやオイルクーラーへのダクトが隙間なく入り組んだ複雑な形状なのだが、それらは失われている

B-24リベレーター

【海底での邂逅】

パラオ・コロール島の周辺にはさまざまな戦争遺産が残されている。特に湾内にあるレックは、荒天などでも波やうねりなどの影響を最小限に抑えられることで、現在もその姿が保たれているポイントが多いと感じる。

このB-24リベレーターは、コロール島の南、ニッコー湾と呼ばれる湾内の水深1mに眠っている。水中にあるのは水面に露出するプロペラを備えるエンジンから、右主翼のみとなっている。現地の方の話によると、すぐ近くの山に同機の残骸が残っているそうで、この地に墜落した機体なのかもしれない。

私たちがお世話になった方々の間では、かつて正体不明の機体であり、どのような機種なのか分からないと言われていたものだった。今回の撮影を通してその機体の正体を知ることができた。これは大変意義のあるものになったのではないだろうか。

パラオのレックをまとめて撮影をした際に、コロール島の湾内をボートで巡ってみたのだが、湾内は小さな島が乱立し、迷路のようになっている。水深がとても浅い場所も多いために、潮が引いているときにはボートが通れなくなる場所もあり、注意が必要だ。

パラオにはこのB-24だけではなく、零式水偵(52ページ)なども含め、水中にあるもののスノーケルで出会うことのできるレックも多い。その多くが現地在住の日本人ガイドが案内してくれる戦跡ツアーとして用意されており、パラオを訪れた際にはぜひパラオの歴史を戦争という側面から見ることにより、多くのことを感じていただけたらと思う。

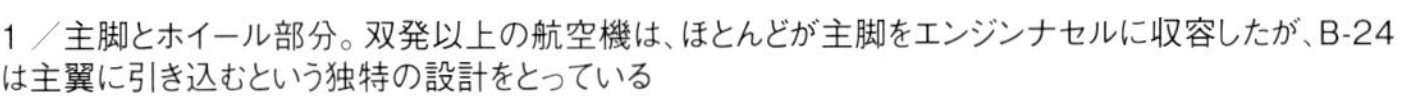

1 ／主脚とホイール部分。双発以上の航空機は、ほとんどが主脚をエンジンナセルに収容したが、B-24は主翼に引き込むという独特の設計をとっている
2 ／主翼後縁には、補助翼の骨組みが残っている。B-24はB-17と比べ、安定性と操縦性が悪い点が問題視された。対策として、大型の単垂直尾翼に変更したN型の量産が予定されていた
3 ／二つのエンジンナセルの中間部分。B-24には、デイビス翼という一種の層流翼が採用され、それが高性能の実現に寄与したといわれている

外側のエンジンナセル部分。エンジンとエンジンナセルは、失われているが、その内部にある前方エンジン部分を支えるフレームは残っているのが見える

写真解説／宮崎賢治

カタリナの主翼にはフラップが取り付けられておらず、主翼の後部は羽布張りとなっていた。写真左手、後部が失われているのが分かるが、ここが羽布張りだった部分である

主翼は支えが壊れ、直接胴体に乗った状態である。機首の横には、主翼から脱落した右エンジンとプロペラが見える。プロペラは、減速室と一緒にエンジン本体から分離している

カタリナの機首部分で円筒状のものは、ブローニングM2 12.7㎜機関銃の銃座である。カタリナは1936年の初号機引き渡しから1945年までの9年にわたって生産が続けられたが、機首部分はほとんど変化しなかった

PBY
カタリナ

1942～1943年、アリューシャン列島上空のPBY-5A(Photo/USAF)

DATA(PBY-5A)

全幅	31.7m
全長	19.47m
全高	6.15m
全備重量	16,066kg
エンジン	R1830-92 空冷星形14気筒(1,200馬力)4基
最大速度	282km/h
航続距離	3782km(対潜哨戒時)
武装	12.7mm機銃 2挺 7.92mm機銃 3挺 爆弾 1000ポンド 2発、500ポンド爆弾 2発、100ポンド爆弾 12発のいずれか　爆雷 4発 魚雷 2本
乗員	8名
初飛行	1935年3月

沈没地点
ソロモン諸島・ツラギ島の南
水深　34m

【海底への道程】

ＰＢＹカタリナ飛行艇はアメリカ海軍をはじめ、連合国各国やアメリカ陸軍航空隊（本機は引き込み式の主脚を持っており、陸上基地にも発着陸できる）でも、哨戒機などとして広く使用された双発飛行艇だ。現在でも民間機として消防飛行艇などとして運用されている機体も存在する傑作機である。

本機は１９３３年にコンソリデーテッド・エアクラフト社により、アメリカ海軍からの新型哨戒飛行艇の要求に応じて開発された。開発当初は哨戒飛行艇としてＸＰ３Ｙ-１（Ｘは試作機を表す）という形式名称であったが、採用時には哨戒爆撃飛行艇を示すＰＢＹの名称が与えられた。「カタリナ」は愛称だが、部隊では「キャット」と呼ばれることも多かった。

３００㎞／ｈに満たない最大速度は第二次世界大戦時の飛行艇としても低速の部類に入るが、双発飛行艇としては航続距離が長く、操縦性がよいこと、装備の追加に耐える拡張性が高かったこともあり、第二次世界大戦を通じて太平洋、欧州を問わず哨戒、索敵、救難、輸送、攻撃など、多様な任務に活躍した。その総生産機数は合計で３３００機を超えている。

太平洋戦争では開戦前の時点で英領マレーに向かう日本船団に英軍が運用するＰＢＹが接触、撃墜されるなど、戦史の端々にその名をとどめている。ガダルカナル島の攻防戦でもガ島対岸のツラギに水上機基地が設営され、各種の任務に従事した。この項のＰＢＹ-５もそうしたアメリカ飛行艇部隊の奮戦の証左と言えるだろう。

プラット・アンド・ホイットニーR-1830エンジンと機首部分。機首部にある四角い窓はアンカー収用部で、中にアンカーが少し見えている。エンジンは左右とも脱落し、主翼にはその取り付け部が見える

右主翼には探査レーダーの受信用となる八木アンテナが残っている。発信用のアンテナは写真で確認できないが、残っていれば翼端側にある。この二本一組のアンテナは、左右両翼に取り付けられている

操縦席には座席が残っている。座席の前に見える横に通る管が操縦桿で、本来であればここに操舵輪が付いており、さらにこの上部前方に計器板がある

【海底での邂逅】

ソロモン諸島・ガダルカナル島の首都ホニアラから、ソロモン海戦などで多数の艦船の眠るアイアンボトムサウンド(鉄底海峡)をボートで走り約1時間、日本海軍の水上機基地があったツラギ島の東の水深34mに、この米海軍で運用されたカタリナは眠っている。

この海域にはカタリナだけではなく、日本海軍の九七式飛行艇を筆頭に、さまざまな航空機が数多く眠っていることが分かっており、そのすべてを潜っていないことから、いつかまた訪れたいと思っている場所の一つである。ツラギ島には「Raiders Hotel & Dive」というホテル兼ダイブショップがあるのだが、私たちが行った当時は、どちらかというとレックよりもリーフダイビングが多いと聞いていたことから、ホニアラにショップを構える「TULAGI DIVE」を頼ってこの周辺のレックを撮影した。

全長約20m、全幅約31mの機体はチューク(トラック島)などの海底で見る日本海軍の二式飛行艇よりやや小さいものの、やはりその大きさには迫力を感じずにはいられない。個人的な希望としては、機首から尾翼まで、全体が写るような写真を撮影したいと思っていたのだが、島に近いということも手伝い、どうしても透視度が悪く、それは叶わなかった。カタリナは生産数も多かったせいか、世界各地の海底にその姿を残している。中でもこのツラギ島のカタリナは比較的浅い水深にあり、航空機としてのフォルムをしっかりと残した状態で見ることのできる貴重な戦争遺産なのである。

カタリナの主翼は、胴体の上の離れた位置にあるパラソル翼で、プロペラ・エンジンと水面間の距離を確保する必要のある飛行艇で多く使用された配置である。中央部分は、直線翼で外翼部分にテーパーが付けられていた

カタリナの補助フロートは引き込み式で、引き込み時にはフロートが翼端に取り付けられたような位置となる。このカタリナは着水時の事故で沈んだため、フロートは下ろされた位置となっている

胴体の後部。両側面に見える銃座の開口部が大きく目立っている。銃座は胴体の斜め上に位置するため、下方の射角を確保するには、大きく突出したブリスターが必要であった。右側銃座にのみ、銃身が失われたブローニング12.7㎜機関銃が残る

トノアス島(旧名:夏島)沖に沈む二式大艇。写真左は機首部分だが、大きく破損し歪んでしまっている。主翼が比較的原形をとどめているのに対し胴体の損傷が激しいのは、本機が空戦によって被弾不時着したとされることと関連しているかもしれない

トノアス島に眠る二式大艇

右翼側の補助フロート。歪んではいるが左翼側より原形を止めているようだ。皺がよった様子から分かるように、応力外皮構造のフロート外板は薄く、人力で持ち上がる程度の重さしかないが、十分な強度をもっていた

計器盤と散乱する機体の破片や艤装品。ダイバーによって機外に持ち出されたものもあるだろうが、海底の船舶や航空機は戦争の遺産であるとともに観光資産でもある。残骸の保存のために、ある程度の移動は許容されるべきだろう

二式飛行艇

1944年、太平洋上で米軍機に捕捉された二式飛行艇(Photo/USN)

DATA(一二型)

全幅	38.00m
全長	28.13m
全高	9.15m
全備重量	24,500kg
エンジン	火星二二型 空冷星形14気筒(1,850馬力)4基
最大速度	470km/h
航続距離	8,223km(偵察過荷)
武装	20mm機銃 5挺 7.7mm機銃 4挺 爆弾 最大2,000kg 魚雷 2本
乗員	10名
初飛行	昭和15(1940)年12月

沈没地点

北マリアナ諸島・サイパン島の北西

水深　10m

チューク州

トノアス島(日本名:夏島)の南

水深　16m

【海底への道程】

二式大型飛行艇(二式大艇)は、九七式飛行艇に続いて川西航空機が開発した大型飛行艇である。

太平洋戦争開戦前の日本海軍の対米作戦構想は、フィリピン救援のために来寇するアメリカ艦隊を迎撃、撃破するというもので、長距離洋上哨戒と対艦攻撃のための基地航空隊を重視しており、陸上攻撃機とともに飛行艇はその中核に位置付けられていた。

二式大艇はこのために「攻撃飛行艇」として飛行性能を重視しており、水上滑走時の安定性を犠牲にした幅の狭い抵抗の少ない胴体形状によって、四発の大型飛行的としては破格の飛行性を狙っていた。実際に二式大艇は同クラスの飛行艇と比較して優れた飛行性能を発揮しており、太平洋戦争後に本機を接収したアメリカ軍のテストでも高い評価を得ている。

もっとも日本海軍が大型飛行艇による対艦攻撃や要地爆撃を実施できる余裕があったのは開戦直後の時期だけであり、二式大艇も長大な航続距離を生かして長距離索敵、哨戒や人員輸送などに活用された。

だが長距離哨戒・索敵任務では、敵戦闘機との交戦や、哨戒機として運用されることのあった重爆撃機のB-24やPB4-Y(B-24の海軍機仕様、哨戒機として運用された)との大型機同士の空中戦で失われたり、空襲で撃破される機体もあり、全生産機167機のうち、現存する機体は1機のみである。サイパンやチュークの海底に眠る二式大艇もそうして失われた百数十機のうちの1機かもしれない。

二式飛行艇

【海底での邂逅】

北マリアナ諸島・サイパン島の北西、水深10mと、ミクロネシア連邦・チューク州、トノアス島（日本名：夏島）の南、水深16mには二式飛行艇（二式大艇）が眠っている。

双方、現地では連合国側のコードネームであるエミリーという名でも呼ばれているが、特にサイパンの機体は、発見当時、アメリカのB-29と思われていたそうで、現在もこのポイントを「B-29」と呼ぶ場合もある。浅い水深にあり、白砂の上に散らばる二式大艇の機体に光が降り注ぎ、マリアナブルーと称される透き通った海中できらびやかに機体が輝く。凛々しく聳え立つエンジンは、このポイントのシンボルとしてダイバーが記念撮影することも多い。周辺に水中慰霊碑なども存在しており、サイパンを訪れたことのあるダイバーであれば一度は訪れたことがあるかもしれない。

トノアス島に眠る二式大艇は、サイパンの機体より全体として残っている印象で、特に主翼、エンジン周りに関してはこちらの方がしっかりと見ることができる。ソフトコーラル（柔らかい珊瑚）や海藻類など、付着物が多いのもチュークの機体の特徴で、ところどころで、カラフルな色彩を見ることができる。なかなか透視度が上がらないこともあり、俯瞰した全体の写真を撮影したいと常々思っているのだが、その願いはいまだに叶ってはいない。チュークの中では浅い水深にあるレックであることから、3本目に潜ることが多く、ビギナーでも行きやすいポイントの一つとなっている。

半ば砂に埋もれた住友製4翅プロペラ。離昇1,850馬力の火星二二型の出力を受け止め、第二次世界大戦時の飛行艇としては極限ともいえる最大速度470km/h（一二型）という飛行性能を引き出したプロペラも、今は付着生物に覆われつつある

機首先端部の風防内からの撮影。写真中央から左側に見えている円形のフレーム部分は回転し、機首に装備された旋回機銃に広い射界を与えるようになっていた。機銃そのものは失われているようで、周辺に置かれた機銃弾の弾倉も見当たらない

長大なウイングスパンを実感できる左翼。写真手前に見える四角形の部分は着水灯。陸軍機の主翼などに見られる着陸灯と同じで、夜間の離着水時に海面を照らす。内部には電球があるはずである。二式大艇は両翼にこれを装備していた

サイパン島に眠る二式大艇

サイパンの二式大艇は、胴体が崩壊し胴体内の艤装品や比較的大きな外板が海底に散らばっている。写真は右翼前縁で、発動機架が腐食したためか、エンジンは脱落しており防火壁が丸見えになっている。主翼上面には燃料タンクの給油口などの開口部も見える

機銃座に残るエリコン式20mm機銃。銃座は形状から見て機首銃座のようだ。20㎜機銃5門という火力で米哨戒機と空戦し勝利することもあったというが、一方でB-24との交戦で撃墜される写真も残されている

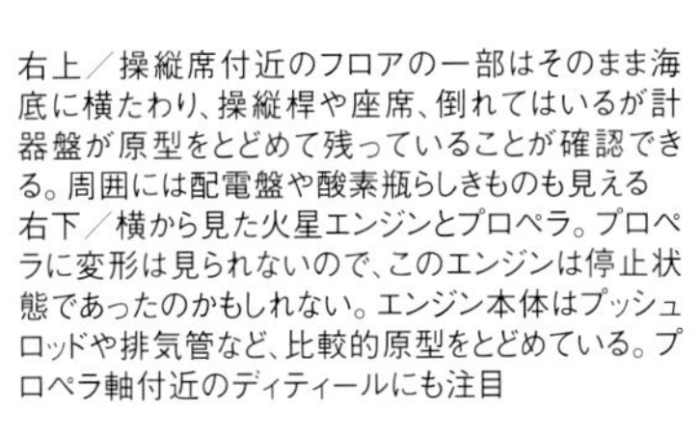

右上／操縦席付近のフロアの一部はそのまま海底に横たわり、操縦桿や座席、倒れてはいるが計器盤が原型をとどめて残っていることが確認できる。周囲には配電盤や酸素瓶らしきものも見える
右下／横から見た火星エンジンとプロペラ。プロペラに変形は見られないので、このエンジンは停止状態であったのかもしれない。エンジン本体はプッシュロッドや排気管など、比較的原型をとどめている。プロペラ軸付近のディティールにも注目

零式観測機

第二次世界大戦中には、多くの国でさまざまな水上機が使用されたが、零式観測機は、その中で最も活躍した機体の一つだ。本来の観測任務だけでなく、哨戒、偵察、爆撃にも使用され、対戦闘機、対爆撃機の戦闘も実施している

写真解説／宮崎賢治

複葉機とはいえ、機体設計には新しい試みがなされており、主翼にその特徴がよく現れている。複葉機の翼間支柱と張り線は通常2 本だったが、零式観測機は両方とも1 本とし、シンプルにまとめられた

（写真／野原 茂）

零式観測機

左上方から見た操縦席。計器板は見えないが、操縦桿が確認できる。試作初期には密閉式可動風防を装備していたが、これは早い時期に変更され、量産機では、開放式の操縦席となっている

DATA（一一型）

全幅	11.0m
全長	9.5m
全高	4.0m
全備重量	2,550kg
エンジン	瑞星一三型 空冷星形14気筒（800馬力）
最大速度	370km/h
航続距離	1,070kg
武装	7.7mm機銃 3挺（固定2、旋回1） 爆弾 30kgもしくは60kg爆弾 2発
乗員	2名
初飛行	昭和11（1936）年6月

沈没地点
パプアニューギニア・ラバウル北西タブイ沖
水深　28m

上から見た後席。右端の胴体上面には、7.7㎜旋回機銃収容部の切り欠きが見える。後席内に見える座席は回転式で、機銃操作時は後に向けることができる。後席には、機長となる偵察員が乗り込んだ

【海底への道程】

飛行機の軍事利用は第一次世界大戦中に始まり、1920年代後半には巡洋艦や戦艦への搭載もめずらしくはなくなった。当初は偵察機や敵偵察機、攻撃機を迎撃するための戦闘機であったが、やがて航空機を弾着観測に使用するようになると、専用の観測機が求められるようになった。こうして開発された機体が、零式観測機である。

十試二座水上偵察機として試作された零式観測機は、主力艦同士の砲戦に際して弾着観測任務にあたることを主な目的としていたが、敵戦闘機による妨害を自力で排除して任務を遂行する能力が求められた結果、水上戦闘機的な性格も併せ持つ機体として開発されている。そのためもあって開発は難航し、試作名称の通り昭和10(1935)年に開発着手されながら、海軍に採用されたのは昭和15(1940)年のことである。複葉のクラシカルな外観だが近代的な全金属機であり、従来の九五式二座水上偵察機を置き換えて、終戦まで活躍した。

太平洋戦争では開戦直後の南方侵攻作戦やソロモン方面での戦いで水上機母艦搭載機が実質的な水上戦闘機としての活躍を見せたほか、近距離偵察や対潜哨戒など様々な任務に活用された。もっとも戦艦同士の昼間砲戦が生起しなかったために戦艦搭載の本機が本来の任務で活躍することはなく、ソロモン方面では戦艦から抽出され、水上機基地で運用されることもあった。本項に紹介するラバウルの零式観測機も艦載機としてではなく、基地航空隊で運用された機体かもしれない。

主フロートの上に胴体を横たえる零式観測機。機体の状態は非常によく、ほぼ全体が残っている。この機体には戦闘による破損が確認できず、繋留中に沈んだのではないかといわれている

零式観測機一一型は、生産中に発動機カウリングの気化器空気取入口が変更されている。この機体はカウリング内にあった気化器空気取入口がカウリング上部に移された後期生産型のようである

主翼と操縦席、後席の位置関係がよく分かる写真。日本海軍の観測機は複座とされており、戦艦などからの射撃の着弾観測が本来の任務であった

零式観測機

【海底での邂逅】

過去の大戦に詳しい方であれば、「ラバウル航空隊」という名前を一度は聞いたことがあるだろう。パプアニューギニア・ニューブリテン島ラバウルの周辺海域には、零戦から日本の沈没船まで、数多くの戦争遺産が残されている。現在のラバウルは、１９９０年代に起きた火山の噴火により都市の機能を喪失し、近隣のココポという街にその機能を移転しており、私たちもココポをベースにラバウルのレックを潜ることになった。

その中でもこの零式観測機は、ラバウルの北西に位置するタブイの沖、水深２８ｍの海底に眠っており、現地では連合国のコードネームである〝Ｐｅｔｅ〟または〝Ｂｉｐｌａｎｅ〟（複葉機）と呼ばれている。特筆すべきは複葉機としての形状が残っているその保存状態だ。残念ながら水上機としての要である中央のフロート部分は折れてしまい、機銃など一部のものは過去に持ち去られてしまったと伝えられているものの、正立状態で海底に鎮座するその姿は、当時の姿を彷彿とさせる。

この機体は、燃料切れで近くのリーフに不時着水し沈没、パイロットは岸まで泳いで救助されたという説や、繋留中に何らかの原因で沈んだなど諸説あり、どれが正しいのか今のところ不明である。私がラバウルを訪れたのは２０１７年。このとき、現地のダイビングポイントに精通したガイドさんがラバウルから撤退してしまうなどのタイミングと重なり、撮影できていないものも多く、近いうちにまた訪れたいと思っている場所の一つである。

零式観測機の大きな特徴は、複葉機に1,000馬力級発動機を搭載したという点だ。これにより、最大速度こそ低いものの、馬力荷重は戦闘機並みとなり、低い翼面荷重と合わせて高い運動性を備えた飛行機となった

背の高い垂直尾翼は零式観測機の特徴である。零式観測機は試作中に、方向安定性不良と不意自転の問題があることが分かり、解決のため、垂直尾翼が何度も変更され、最終的に写真に見られる大型のものとなった

グアムに眠る零式水偵

グアム島のアプラ湾に横たわる零式水上偵察機一一型。フロートを上にして裏返しになった前部胴体の上に、分離した後部胴体が乗っている。零式水上偵察機も第二次世界大戦の水上機を代表する機体である。活動範囲は、アリューシャン列島から南太平洋までの広域に及び、終戦まで重用されている

写真解説／宮崎賢治

（写真／野原 茂）

零式
水上偵察機

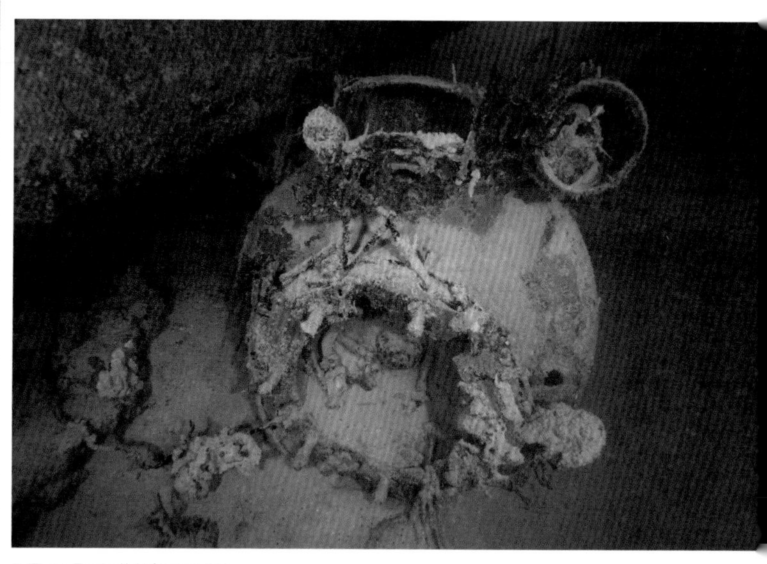

正面から見た胴体前部の発動機架部分。写真右上の太い筒状のものは、発動機の排気炎を消す消炎排気管で、夜間作戦に必要な装備である。その左側は滑油冷却器の導風筒入り口である

DATA

全幅	14.5m
全長	11.49m
全高	4.7m
全備重量	3,650kg
エンジン	金星四三型 空冷星形14気筒（1,080馬力）
最大速度	367km/h
航続距離	3,326kg
武装	7.7mm機銃 1挺 爆弾 60kg 4発、250kg 1発
乗員	3名
初飛行	昭和14（1939）年1月

沈没地点

パラオ共和国・バベルダオブ島、アイライ地区

水深　2m

グアム・アプラ湾

水深　30m

零式水上偵察機は双フロートを採用しており、この機体にはその両方が残っている。フロートの張線切断事故対策として、生産途中に追加された斜め支柱も見えていることから、後期の生産機だと分かる

【海底への道程】

零式水上偵察機は太平洋戦争において日本海軍が多用した偵察機である。本機は十二試三座水上偵察機として昭和12（1937）年に愛知時計電機と川西航空機に試作発注され、昭和15（1940）年に愛知製の機体が採用された。その採用過程では、愛知機が海軍の指定した期限内に完成せず不採用となった後、川西機が試験中の事故で失われるアクシデントを生じた結果、遅れて完成した愛知機がテストを受けて採用されたという経緯がある。

なお、生産機数は1400機を超えるが、開発メーカーである愛知での生産機は133機に過ぎない。生産機の大半は渡辺鉄工所や広海軍工廠で生産された機体である。

零式水上偵察機は巡洋艦および「金剛」型戦艦、基地航空隊に配備され長距離索敵や哨戒などで運用されたほか、最大250kgの爆弾搭載能力を生かして軽攻撃にも投入されている。また連合艦隊司令部などでも参謀の移動などに小数機が配備されており、本来、零式水上偵察機を搭載しない「大和」型戦艦に搭載されたこともある。

太平洋戦争後期には電探（レーダー）や潜水艦探知用の磁気探信儀を搭載して夜間哨戒や対潜哨戒にも活躍したほか、水上雷撃機として改修された機体もある。また終戦後に2機の零式水上偵察機がインドシナ方面でフランス軍によって運用され、その多用途性と実用性の高さを評価されている。

現存機は海中から回収された残骸が1機残るのみであり、本書に収録された機体も貴重な存在である。

本機の周辺には見当たらないが、発動機は三菱製「金星四三型」が搭載されていた。金星は海軍機に多用された空冷星形14気筒発動機で、その信頼性には定評があった

右主翼から奥のフロートを見る。手前の主翼前縁から飛び出しているのは、速度計につながるピトー管。日本海軍機のほとんどが左主翼にピトー管を取り付けているが、いくつかの水上機は右主翼装備となっている

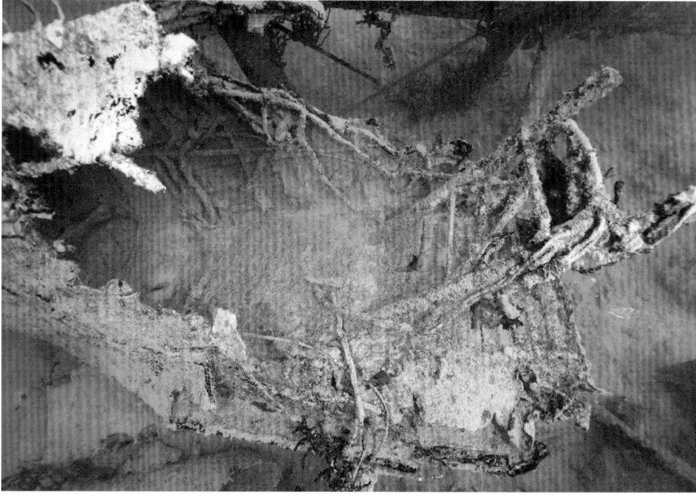

パイプで造られている構造物は、千切れた後部胴体の前端に残る偵察席座席で、写真の右側が操縦席方向となる。三座の零式水偵では、偵察席が真ん中に位置し、写真左側の胴体後方部分に電信席が配置されている

零式水上偵察機

【海底での邂逅】

南洋の島々をレックを求めて巡っていると、零式水上偵察機（零式水偵）に出会うことがことのほか多く感じる。海に囲まれた島々において、運用しやすい機体だったからだろうか。ここではその中から、グアムとパラオに眠る機体を紹介しよう。

旧日本海軍の基地施設があったグアム島・アプラ湾の水深30mの海底に、ひっくり返った状態で眠る零式水偵は、陸地近くでアプローチしやすい場所なのだが、海底のシルトを巻き上げるとたちまち視界が失われてしまうため、注意が必要である。グアム島にある太平洋戦争博物館には、この機体と同じ姿勢でフロートが水上に露出している昔の写真がある。

パラオの機体は、ほかにも同機種があることから、ここで紹介する機体は地名を含み「アイライの零式水偵」といわれており、ダイバーでなくとも現地の観光ツアーなどで行くことができる。

水深が浅いために、私たちの場合はボートで近くまで進出した後に、スノーケルを装着して泳いでアプローチしたのだが、観光ツアーの場合はカヤックでこの場所を訪れることになるとのこと。現地の方によると、この場所はハンガーケーブ「洞窟の格納庫」として利用されていたそうで、地形的にも絶好の隠し場所になっていたようだ。

俯瞰した絵が欲しいと思いドローンで撮影を敢行したときは、周りが木々に囲まれていることから機体が見えないほど水面が落ち葉で埋もれており、現地でサポートをしてくださった方々と必死にそれらをかき集めたのはよい思い出である

1／金星四三型は、かなり原型を保っており、集合排出管も確認できる。零式水上戦闘機のカウリングは、高所での作業を考慮したためか、前端のリング部分以外が自動車のボンネットのように開閉式のパネルとなっている
2／金星発動機が落ち、防火壁部分が露出している胴体。胴体上部は床を残し、偵察席付近まで失われている
3／偵察席は、ほぼ完全な形状が保たれているようだ。偵察員の主な任務は航法で、偵察席には、爆撃照準器、偏流測定機、方位測定機などが備わっていた

パラオに沈む零式水上偵察機一一型。写真右手の操縦席周辺は床を残し失われているが、写真奥の偵察席は完全な形状が保たれている。零式水上偵察機は三人乗りで、前から操縦席、偵察席、電信席。末期に電探が搭載されると電信席は電探席として使用された

パラオに眠る零式水偵

パラオの零式水上偵察機は、浅い場所に沈んでおり、水上からでも観察できる。このドローンで撮影した写真でも機体全体と主翼下にあるフロートが確認できる

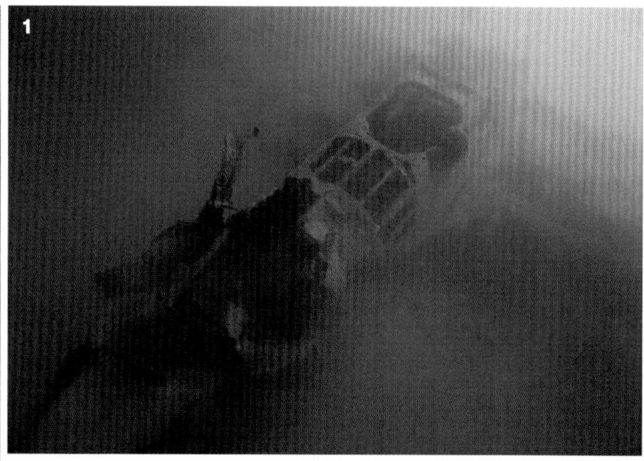

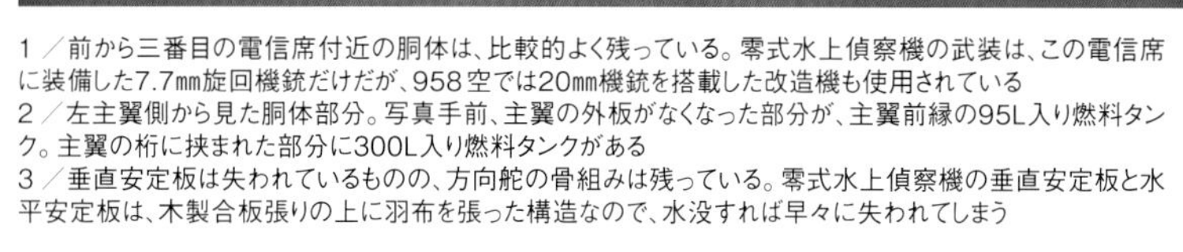

1／前から三番目の電信席付近の胴体は、比較的よく残っている。零式水上偵察機の武装は、この電信席に装備した7.7㎜旋回機銃だけだが、958空では20㎜機銃を搭載した改造機も使用されている
2／左主翼側から見た胴体部分。写真手前、主翼の外板がなくなった部分が、主翼前縁の95L入り燃料タンク。主翼の桁に挟まれた部分に300L入り燃料タンクがある
3／垂直安定板は失われているものの、方向舵の骨組みは残っている。零式水上偵察機の垂直安定板と水平安定板は、木製合板張りの上に羽布を張った構造なので、水没すれば早々に失われてしまう

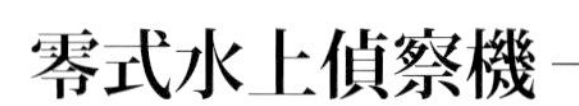

零式水上偵察機

戦闘艦艇

掃海駆逐艦「エモンズ」

第五十号駆潜艇

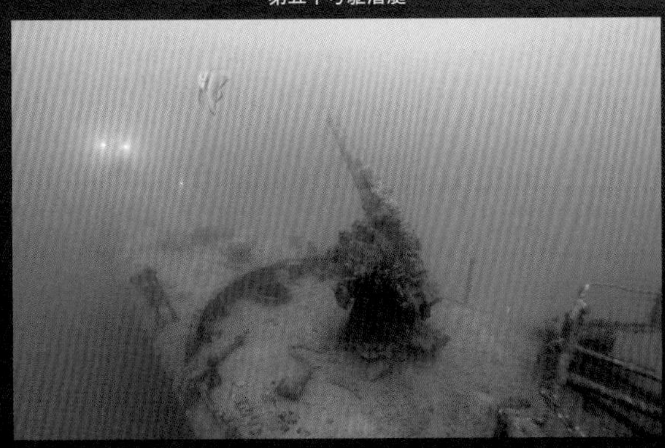

伊号第一潜水艦

掃海駆逐艦
エモンズ

海底から見上げた「エモンズ」の船体。「エモンズ」は横転するかたちで着底しているため、甲板面を見せているが、各所で上部構造物の崩壊が進んでおり脱落した装備品も多い。写真手前の海底に転がる飛行機の脚は、「エモンズ」に突入した特攻機のものとされる。艦上に残されたままであったものが、「エモンズ」の沈没によって海底に投げだされたのだろう。沖縄における海空戦の苛烈さを物語る一枚

横倒しになった船体前部と二番砲。二番砲(写真左)の後方には本来は艦橋構造物があり、やや背の高い復原性の悪そうなシルエットを見せているはずだが、ご覧の通り崩壊して基部以外は跡形もない

横倒しの艦首。甲板の破孔を通して、左舷舷側水線付近の大きな破孔が見える。形状や破損状況から経年劣化や波浪によるものとは思えず、おそらく戦闘時か処分時に生じたものだろう

海底に転がる射撃指揮装置。この部分だけ見るとよく原型をとどめているが、本来は艦橋トップにあり、沈没時か経年劣化によって艦橋構造物が崩壊し、海底に投げ出されたのだろう

掃海駆逐艦
エモンズ

1942年、駆逐艦時代に撮影された「エモンズ」(Photo/USN)

DATA(竣工時)

基準排水量	2,050t
主要寸法	全長106.2m×最大幅11m×吃水4.8m
主機	ブコック&ウィルコックス缶 4基、ゼネラル・エレクトリック ギアード・タービン 2基 2軸 50000馬力
最大速力	35ノット
兵装	5インチ単装砲 4基 12.7㎜機銃 6基 20ミリ機銃 6基 21インチ5連装発射管 2基 爆雷投射機 6基 爆雷投下軌条 2基
竣工年月日	1941年12月5日
沈没年月日	1945年4月7日

沈没地点
沖縄県・古宇利島沖
水深　45m

【海底への道程】

沖縄本島近海に沈む駆逐艦「エモンズ」は、アメリカ海軍が64隻を整備した「クリーブス」級駆逐艦の一隻である。「クリーブス」級は「ベンソン」級駆逐艦の機関を改正したもので、建造開始時期には新しい設計の「フレッチャー」級の建造も始まっていたが、第二次世界大戦勃発に対応した海軍戦力拡充のために並行して建造されている。

「エモンズ」は1940年11月に起工され、1941年12月に竣工した。竣工後は主に大西洋方面で活動していたが、1944年にボストンで改装を受けて、艦種を「駆逐艦」から「掃海駆逐艦」に変更されている。これにともなってハルナンバーも「DD457」から「DMS22」に変更された。

改装を終えた「エモンズ」は訓練の後、ウルシー泊地に移動して艦隊に合流、沖縄戦に参加した。この戦いで「エモンズ」は、僚艦の駆逐艦「ロッドマン」とともにレーダーピケット任務に従事した。これは艦隊の外周に配置されて航空攻撃を警戒する危険な任務であり、4月6日の大規模な航空攻撃では、まず「ロッドマン」が体当たり攻撃を受けて損傷、これを援護する「エモンズ」にも複数の特攻機が突入した。

この攻撃により、「エモンズ」は第三砲塔水線部付近への特攻機の突入によって弾火薬庫が誘爆、航行能力を失い、翌7日に自沈処分となった。

「エモンズ」沈没地点付近の海底からは日本陸軍の九九式直接協同偵察機のエンジンなどが発見されており、「エモンズ」に突入したのは誠第三六・三七・三八飛行隊の所属機と推測されている。

左舷側から見た後部の上部構造物。40㎜機銃はこの甲板室に張り出しを設けて装備されているが、現在この部分は崩壊している。写真右手は大きく破壊された三番砲の残骸。構造物壁面に見えるのは掃海用の浮標で、爆雷や魚雷ではない。甲板上に見える爆弾状のものはパラベーン

艦首側から見た崩壊した艦上構造物。写真奥に船体が見えている。中央に見えている円筒形の射撃指揮装置もかつては機銃座前方に屹立していた。左手に見えているのは右写真にも写っている機銃座の張り出し部の裏面

近年崩壊した艦上構造物。写真中央、ダイバーの直下に見える半円形の部分は、上写真の左手に見える機銃座の張り出しが倒壊した姿。見えているのは、強度保持のためのサポートのある裏側なので、折れて裏返る形になっている

【海底での邂逅】

沖縄・古宇利島沖水深45mに眠る米掃海駆逐艦「エモンズ」。古宇利漁港から出る漁船に乗り、天候がよければ10分ほどで到着するその場所は、時によって潮流の速い場所であり、水深も深いため、しっかりとしたダイビングスキルを有することが望まれる。

そのすぐ近くには、宮崎県の新田原基地から発進し、特別攻撃隊として本艦に体当たり攻撃をしたとされている九八式直接協同偵察機のエンジンやランディングギアが海底に眠っている。体当たりをした航空機と、沈没した艦船の双方に出会えるダイビングポイントは、この場所以外に私は知らない。なお、「エモンズ」に突入したのはこの九八直協ではなく、鹿児島県串良基地を飛び立った姫路海軍航空隊第一護皇白鷺隊の九七艦上攻撃機であるという意見もあるようだ。

近年、九州大学などの研究により、戦闘時における詳細な状況が解明されたことや、さまざまなメディアに取り上げられた結果、私が潜り始めた頃には存在すら知られていなかった「エモンズ」も、現在では多くのダイバーが訪れるポイントになった。

本艦は過去の大戦に起因するレックとして、日本国内では最も原型をとどめている状態で潜ることのできる艦船ではあるが、2021年1月に大規模な崩落が起きており、現在の姿をいつまで保つことができるのかは分からない。まれに船体に負荷をかけるような形で記念撮影などするダイバーも見受けられるが、日米双方の犠牲者を弔う意味でも敬意を持って見守り続けていただけたらと願わずにはいられない。

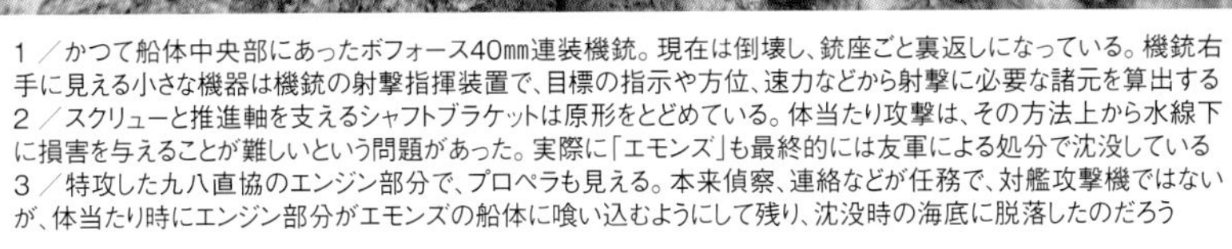

1／かつて船体中央部にあったボフォース40mm連装機銃。現在は倒壊し、銃座ごと裏返しになっている。機銃右手に見える小さな機器は機銃の射撃指揮装置で、目標の指示や方位、速力などから射撃に必要な諸元を算出する
2／スクリューと推進軸を支えるシャフトブラケットは原形をとどめている。体当たり攻撃は、その方法上から水線下に損害を与えることが難しいという問題があった。実際に「エモンズ」も最終的には友軍による処分で沈没している
3／特攻した九八直協のエンジン部分で、プロペラも見える。本来偵察、連絡などが任務で、対艦攻撃機ではないが、体当たり時にエンジン部分がエモンズの船体に喰い込むようにして残り、沈没時の海底に脱落したのだろう

船体中央部。上部構造物が崩壊しているのは波浪や劣化によるものであるが、ダイバー直下の舷側から甲板が大きく損傷しているのは特攻機の突入による損傷だろう。甲板が広範囲にダメージを受けており、船体強度にも影響を及ぼしているはずだ。アメリカ軍が「エモンズ」を救えないと判断したのもやむを得ない、と思わされる

第五十号
駆潜艇

「第五十号駆潜艇」の艦橋部分。もともとは原形をとどめていたようだが、近年になって艦橋構造物が自重に耐えられなくなったのか崩壊してしまい、写真のような状態になってしまった。側面の防水扉だけが残っているのが奇妙に見えるが、これは取り付け部分のフレームが強固な構造なため。写真の奥には機銃座がぼんやりと見えている

左舷側から見た艇首部。細くシャープな艇首甲板の形状は原型の十三号型駆潜艇と同様である。甲板上に残る錨鎖の取り回しは大型軍艦と異なるものだが、これはキャプスタンが一基だけのため

崩れてしまった艦橋部。写真は艇の左舷前方から艦橋部分を見ているが、経年劣化や腐食、波浪などの要因によって崩壊している。艦橋から前面に伸びたフレームは増設された機銃座と艦橋をつなぐ部分のフレームだろう

艇首に装備された40口径三年式8cm高角砲はよく原型をとどめている。やや旧式な砲であるが、本来は浮上した潜水艦に対する攻撃を意図した装備であり、潜水艦の耐圧船殻を貫通できる威力があれば問題はなかった。もっとも、太平洋戦争では敵航空機に対する自衛のために活用されることも多かった

第五十号駆潜艇

戦後の昭和21年に撮影された同型艇第五一号、五二号（資料提供／大和ミュージアム）

DATA（竣工時）

基準排水量	420t
主要寸法	全長51m×最大幅6.7m ×喫水2.63m
主　機	艦本式二八型内火機械 2基 2軸 1,700馬力
最大速力	16ノット
兵　装	8cm高角砲 1基 13㎜連装機銃 1基 爆雷投射機 2基 水中聴音器 1基 水中探信儀 1基
竣工年月日	昭和18（1943）年11月30日
沈没年月日	昭和19（1944）年7月20日

沈没地点
小笠原諸島・父島　二見湾
水深 28m

【海底への道程】

　第五十号駆潜艇は第二八号型駆潜艇の一隻として昭和16（1941）年の戦時急造計画（〇急計画）で計画された駆潜艇である。昭和18（1943）年4月に大坂鉄工所因島工場で起工、同年11月30日に姉妹艇の第五二号駆潜艇と同時に竣工した。

　第五十号駆潜艇の属する第二八号型駆潜艇は、第十三号型駆潜艇の船体設計を改良してボトムヘビー傾向の改善や定針性の向上を図った、事実上の準同型艇ともいえるタイプである。戦時の量産に適するように艤装の簡略化も図られていたが、船尾形状に若干の違いがあるほかは、第十三号型駆潜艇と船体形状等に大きな変化はない。もっとも建造中、あるいは建造後に25㎜機銃や二二号水上見張電探（レーダー）が追加された艇も多く、第五十号駆潜艇も竣工後にこれらの装備が追加された可能性がある。

　竣工した第五十号駆潜艇は横須賀鎮守府籍とされ、横須賀鎮守府警備駆潜艇として対潜哨戒や船団護衛に従事した。昭和19（1944）年4月14日にはサイパンで編成された東松4号船団（復航。東松船団は本土、満洲からのサイパン等への増援輸送船団）の護衛に参加し、駆逐艦「朝凪」と共に船団を無事に内地に帰還させている。

　しかし小笠原方面への輸送作戦に従事していた同年7月20日夕方、父島の二見湾に入港中に米軍機の空襲を受けて後部に被弾してしまう。これによって艦尾の爆雷が誘爆、浸水を生じて艦尾が沈下した。海岸に擱座するため湾奥に移動したものの沈没、翌21日の夕方には船体の放棄が決定された。

第五十号駆潜艇

【海底での邂逅】

本書では、小笠原諸島に眠る多数のレックを紹介しているが、二見湾に眠るこの第五十号駆潜艇はダイバーの中ではシロワニ(日本では小笠原でしか見ることのできないサメ)に出会える沈船としても知られている。

この駆潜艇は湾内に眠っており、水深は28m、船舶の往来もあることから、船体の中央付近にブイが設置されている。2016年までは艦橋も残っていたのだが、現在は崩落しており、そこに艦橋があったという痕跡は、船体に積み上がった瓦礫からでしか確認できなくなってしまった。

全長は51m。エントリーして水深を落としていくと、徐々にその姿が現れる。1本のダイビングで艦首から艦尾まで十分に見ることができるが、ポイント的に透視度があまりよくないこともあり、こればかりは運である。前述の通り艦橋は崩落してしまっており、艦尾に目を向けてみると、甲板の大部分もまた崩落している。こうした崩落部はシルト(泥)などで埋まっている状態で、潜る際には巻き上げないように注意が必要だ。

崩落した艦橋を通り過ぎ、艦首の方に目を向けると、大砲がまるで天を指すかのような角度で美しく聳え立ち残っているのは一見の価値がある。俯瞰して見ると、貨物船や貨客船とは違うスマートなボディが、この艦艇が戦闘艦であることを感じさせる。長い年月を経て原形を保てずに崩れてしまっている艦船の多い小笠原の中で、船としてのディティールはしっかり残っており、小笠原を代表するレックの一つであることに異論はないだろう。

艦尾に見える二つの箱状のものは、爆雷投下軌条の上の爆雷を機銃弾などから保護する装甲。上面や側面だけではなく後部も装甲化され、投下時は蓋を上方に跳ね上げて使用する。船体には磁気機雷に対する舷外電路も確認できる

陥没した艦尾甲板には艤装品が確認できる。中央に見えるのは爆雷装填台。その向こうにはその形状からY砲とも呼ばれる爆雷投射器が見える。手前にももう一組の装填台と投射器があったはずだが、脱落したのかもしれない

艦尾の甲板上に残る13㎜連装機銃。25㎜機銃と同時期に導入されたもので、ルーツはフランスのホチキス社製機銃である。銃身の先端部など多くの部品が失われているが、仰角をかけたままの姿は、最後の奮戦の様子をとどめる

艦橋後方の機銃座と煙突、ラフィング型ボートダビット。この部分はよく原型をとどめており、昭和19年以降に追加された25㎜単装機銃用の機銃座の形状がよく分かる。機銃座の左舷側には25㎜機銃の基筒式銃架が残っているが、右舷側は倒れてしまっているようだ。ラフィング型のボートダビットは駆逐艦以下の小型艦でよく見られる

1／甲板上から煙突を見た一枚。ラフィン型のボートダビッドは艦載艇を抱え込むように保持し、使用時には海面に向かって倒れ込むように動作する。左舷側（写真左）が動作した状態の位置となっており、乗員が退避するさいに艦載艇を降ろしたのかもしれない
2／船体中央部に見える搭状のものは艦橋背面にあった探照灯台と思われる。探照灯台は構造が強固なため、ほぼ原型をとどめているのだろう。探照灯を二二号電探に換装している艇もあったが、いずれが装備されていたのかは確認できない
3／艇尾の陥没部から艇内後方に入った様子。棚には吸収缶らしいものが収まっている。これは防毒面用のもので、面体と組み合わせて使用する。軍艦には機銃射撃などに伴うガスや、艦内火災による有毒ガスへの対策として搭載されていた

1

3

2

海底に着底した右舷側スクリュー。駆逐艦から哨戒艇への改装時に「薄」は一部のボイラーを下ろしており、最高速度も減少しているが、こうした特性にあわせてスクリューの換装を行ったかどうかは不明

艦尾甲板から見た後部の構造物。一段高くなっている部分が旧三番砲座。哨戒艇に改装直後は主砲を搭載していたが、再度の改装時に旧二番砲が復活し、旧三番砲座には機銃が装備されたようだ。甲板上には大発搭載用の軌条が見える

仮設艦首を前から見る。衝突事故によって第三十四号哨戒艇は艦首を喪失したため、トラックにおける修理で仮設艦首を取り付けている。内地回航の外洋航行に備えた簡単なものであるが、船体破断面の隔壁を保護すると同時に抵抗を軽減するため、仮設艦首が必要だった

駆逐艦「薄」（第三十四号哨戒艇）

昭和19年4月、横須賀沖で撮影された同型艦「樅」（資料提供／大和ミュージアム）

DATA（第三四号哨戒艇 昭和15年時）

基準排水量	1,162t
主要寸法	全長88.39m×最大幅7.92m×喫水2.98m
主機	ロ号艦本式缶 2基、蒸気タービン機関 2基 2軸　10,000馬力
最大速力	18ノット
兵装	12cm単装砲 2基
竣工年月日	大正2（1921）年5月25日
沈没年月日	昭和19（1944）年7月3日

沈没地点

チューク州トノアス島（日本名：夏島）の西

水深　15m

【海底への道程】

駆逐艦「薄」は「樅」型駆逐艦12番艦として大正9（1920）年に東京石川島造船所で起工され、大正10（1921）年に竣工した二等駆逐艦である。日本海軍は駆逐艦の等級を排水量によって区分しており、「薄」の属する「樅」型は「峯風」型一等駆逐艦と対になる二等駆逐艦として整備されたこともあり、全体のデザインも「峯風」型を小型にした印象となっている。

竣工した「薄」は僚艦と共に駆逐隊を編制したが、昭和15（1940）年に駆逐艦籍から除かれ、新設された哨戒艇籍に移された。この際に艦名は「第三十四号哨戒艇」と番号艦名に変更されている。新たに制定された「哨戒艇」は小型高速輸送艦兼護衛艦という位置づけの艦種であり、「第三十四号哨戒艇」も駆逐艦時代の雷装のすべてと砲、機関の一部が撤去される一方で、陸戦隊員居住区画が設けられている。なお太平洋戦争開戦直前にさらなる改修が実施され、艦尾に大発（上陸用舟艇）の搭載能力と泛水用スロープが追加された。

本艦はこうした能力を生かし太平洋戦争開戦後は各地への輸送や船舶護衛に活躍したが、昭和18（1943）年3月6日、船団護衛中に駆逐艦「矢風」と衝突して艦首を切断、トラック環礁に曳航され、仮設艦首、艦橋が設置された。しかし戦局の悪化もあってか内地への帰還は果たされないまま、5月には実質的に廃艦となり、武装の多くも撤去された。この状態で昭和19（1944）年7月3日の空襲により沈没している。

機械室内を撮影した一枚。光が差している天井の開口部は、天窓か通風孔の跡だろう。室内に見える大きな機器は艦の動力を生む蒸気タービンである。こうして見ると、駆逐艦の船体に占める機関区画の大きさが理解できる

支柱のような支持構造が見えるので、駆逐艦時代に三番砲が搭載されていた艦尾の構造物内かもしれない。主砲の12cm砲は戦艦の主砲のような構造を持たないが、砲を支える強固な支柱は存在する

機関区画を撮影したと思われる一枚。機器は比較的状態よく残っているように見える。狭い艦内の探索は危険で、技術が必要。一般的なレジャーダイビングでは、見ることが難しい光景かもしれない

【海底での邂逅】

ミクロネシア連邦・チューク州（旧名：トラック諸島）に属するトノアス島（日本名：夏島）の西、水深15mに正立状態で眠る「第三十四号哨戒艇」は、現地ではパトロールボート34、もしくは駆逐艦時代の艦名である「薄」とも呼ばれている。水深が15mと比較的浅いことから、反復潜水をする場合、深場から浅場へとポイントを変えることがセオリーとなるレジャーダイビングにおいて、1日の最終ダイビングで潜ることも多く、チュークを潜ったことのあるダイバーであれば訪れたことのある方も多いのではないだろうか。

水深が浅いということはすなわち、島に近い場所に眠っており、マングローブ域なども近くにあることから透視度が悪いこともある。元々大きくない船体のため、機関室などに入るときは、体一つをねじ込むことがやっとの天窓から侵入を試みたりしたこともあったことを懐かしく思い出す。うっすらと光が差し込み幻想的な世界を見せてくれた左右対称の機関室、踊り場のように広がる艦内などを探索した。

しかし、浅瀬にある艦船は大深度にある艦船よりも、例えば悪天候によって発生するうねりといった自然の影響からダメージを受けやすいことは想像に難くなく、毎年どこかが壊れているといった状態が続いていた。コロナ禍においてさらに年月が経過してしまった今、「薄」は現在どのような姿になっているのだろうか。もし崩落しているようなことがあれば、本書に記録した写真は過去を語る貴重な証言となることを信じている。

1／撮影場所が判然としないが、配電盤と思しき装置を撮影した一枚。比較的シンプルだが、昭和初期建造の駆逐艦の艦内電路はそれほど複雑なものでもない。ちなみにこの時期の軍艦は直流で、電源の交流化は太平洋戦争期を待たねばならない
2／艦内に残る便所。洋式便器が並んでいる。当時の兵員には使い慣れた和式便器の方が評判がよく、尻が直接便座に接触しないので衛生的とされたこともあって、時代が進むと逆に和式便器の比率が増加してゆく
3／船体後部の兵員室艦尾側を撮影したものと思われる。根拠は中央に見えている円形の部品。これは操舵輪の木製部が失われたもので、兵員室艦尾側の非常用の人力操舵装置と思われる。写真の壁の向こうが舵機室である
4／甲板上に見える複数の開口部は機関関係の吸気口だろう。本来は開口部の上に構造物があったはずだが失われている。機械室の写真で天井に見えた開口部を甲板側から見ていると思われる

船体後部の甲板を見る。右側に見えているのは爆雷搭載用のダビッド。汎用に使用できるので、比較的軽量な物品の揚げ降ろしに汎用された。中央の湾曲したものはボートダビッドで、こちらは艦載艇用。基部から甲板に倒れ込んでおり、本来の位置にはない

船体中央部に残存する機関、軸系の遺構。写真左が艦首方向である。水深の浅い光量も豊富な海底にあるわりに生物の付着が少ないのは材質によるものなのだろうか。推進軸が接合部で外れているのは、結合するボルトが腐食してしまったからなのだろう

完全に崩壊してしまった「長月」の船体で、唯一原形を保っている後部砲座周辺。甲板上には魚雷運搬軌条と思われる痕跡も見られる

艦尾付近から艦首方向（岸方向）を見る。写真手前から画面奥に向かって一つながりになっているのが推進軸。二つの推進軸が見えるのは、「長月」が二軸艦だからである。重量があり、強固な軸系部材は、船体が崩壊しても元の位置に残るようだ

駆逐艦「長月」

擱座から約1年後の1944年に撮影された「長月」（Photo/USN）

DATA（竣工時）

基準排水量	1,315t
主要寸法	全長102.72m×最大幅9.16m×喫水2.92m
主機	ロ号艦本式重油専焼缶 4基、ツェリー式タービン 2基 2軸 38,500馬力
最大速力	37.25ノット
兵装	12cm単装砲 4基 留式7.7mm機銃 2挺 61cm三連装発射管 2基 爆雷投射器
竣工年月日	昭和2（1927）年4月30日
沈没年月日	昭和18（1943）年7月6日

沈没地点
ソロモン諸島・コロンバンガラ島近海
水深　3m

【海底への道程】

駆逐艦「長月」は「睦月」型駆逐艦8番艦として大正14（1925）年に東京石川島造船所で起工され、昭和2（1927）年に竣工した。竣工時の艦名は「第三十号駆逐艦」であったが、昭和3（1928）年に「長月」と改められている。なお「長月」の艦名は日本海軍としては二代目である。

竣工後は姉妹艦と共に第二十二駆逐隊を編成し、中国大陸方面での日中軍事衝突に出動するなどしたが、太平洋戦争では第五水雷戦隊に所属して南方攻略作戦に従事した。この間のクリスマス島攻略作戦では、敵潜水艦の攻撃で損傷した軽巡洋艦「那珂」を護衛する任務を果たすなどの活躍もあった。

その後「長月」は第八艦隊に編入となり、昭和18（1943）年2月のガダルカナル島撤退作戦に参加。三次に及んだ撤退作戦に出動、損傷艦の援護や陸兵の輸送に従事した。

ソロモン・ニューギニア方面で活動した「長月」だが、昭和18年7月5日から6日にかけてコロンバンガラ島を巡って戦われたクラ湾夜戦の中で座礁、僚艦「皐月」の支援を受けた離岸作業も成功せず、夜明け後の空襲によって損傷し船体は放棄された。

「長月」の船体は戦後もコロンバンガラ島に残されたが、風浪による劣化・崩壊と、ソロモン諸島の内戦時に鉄採取のためにサルベージされたこともあり、現在は海中に船体の一部を残すのみとなっている。なお「長月」の時鐘は回収されて日本に戻されており、昭和45（1970）年に竣工した護衛艦「ながつき」に装備された。

船体から少し離れて転がる比較的大きな船体の一部。艦首の一部に見える、とは撮影者の感想だが、写真からもそのように見える。艦首の骨組にあたる部材は大型鋳造の強固なものなので、船体よりも原型をとどめている可能性はあるだろう

半ば以上海底に埋もれている缶(ボイラー)。三胴式の艦本式缶であるが、ドラムを結合する細管が見えているので横倒しの状態で埋もれているようだ。おそらく付近に他の缶も埋もれていると思わる

三角形のトラス状の構造物。周辺の構造物が失われているので判然としないが、マストか方向探知用ループアンテナの基部のように見える。比較的華奢に見えるこうした艤装品が残っているのは不思議だが、形状的に波浪の影響を強く受けないのかもしれない

【海底での邂逅】

「ソロモン諸島・コロンバンガラ島に駆逐艦『長月』があるらしい。見に行かないか」。以前から親交がある駆逐艦「菊月」のご遺族などで構成される駆逐艦菊月会の方からのお話で、同じくソロモン諸島・フロリダ島、トウキョウベイと呼ばれる場所に鎮座する「菊月」の撮影を終えた後、私たちはコロンバンガラ島に向かうことにした。

同島は、ソロモン諸島第三の都市といわれるギゾとニュージョージア島の中央に位置しているが、島へのアプローチはボートのみとなる。ベースとしていたガダルカナル島・ホニアラから、船を出してもらうニュージョージア島・ムンダという街まで、国内線で約1時間の道程である。このムンダには、日本のレックやアメリカの航空機などが多数眠っていることから、私自身、すでに訪れたことのある場所であったのだが、偶然にも「長月」の調査に同行してくれるスタッフも以前お世話になった方々というご縁に恵まれ、非常に助けられたことを思い出す。

屋根のない小型のボートに乗り込み、直射日光を浴びながら実際に「長月」の眠る海域に到着すると、ソロモンの内戦の際に鉄不足に陥り、船体を爆破し鉄を得たという証言がある通り、海面にその姿はない。しかし水底には「『長月』がここにいた」と思わせるタービンなど、船の一部分を見ることができた。現状においてこの「長月」を訪れるツアーなどは存在せず、訪れることは容易ではない。しかし、コバルトブルーの中に眠る「長月」の一部はぜひ皆さんにも訪れてみてほしいと感じる特別な場所である。

1 ／海底に転がるリブのついた大きな構造物。一方向からの写真なので正確なことは言えないが、これも機関の一部、おそらくタービンケーシングか復水器辺りと推測する
2 ／円形の構造物。確証はないが、駆逐艦の部材で円形の大きな部材というと魚雷発射管および、その基部が思い浮かぶ。半ば砂に埋もれているために判然としないが、写真は脱落した53cm連装発射管の旋回部、あるいは甲板上の発射管基部のようにも思える
3 ／艦尾部分。船体構造としては崩壊しており、比較的堅固な部材のみが海底に転がっている。写真右手に見える部材にはシャフト状の部分と支持構造が見えるので、舵機の一部かもしれない

空から見た「長月」の船体。船体に沿って砂礫が堆積しているが、これはおそらく「長月」の船体が防波堤のように機能したのだろう。海岸に突出した小さい砂州は、「長月」自身が生み出した小さな墳墓ともいえるだろう

海底に転がる蒸気タービンのタービンブレード。「若竹」は二軸だが、これが左右どちらのものかは分からない。本来ならタービンケーシングに入っているはずのタービンブレードが露出しているのは不自然で、沈没時の損傷によるものかもしれない

「若竹」とされる船体が眠る目の前の陸地にも、船体の一部らしい鋼材が散らばっている。しかしこうした状況は米軍の記録する「若竹」の沈没位置や状況と異なっており、今後の精査が必要だろう

「若竹」でもっとも人工物として形を残している部分。一見すると構造物側面の窓のように見えるが、これは横倒しになった船体の甲板面である。四角い窓状の開口部は甲板上の天窓か、吸気様の開口部であろう

駆逐艦「若竹」

昭和19年3月30日、敵機の攻撃を回避中の「若竹」(Photo/USN)

DATA(竣工時)

基準排水量	820t
主要寸法	全長88.39m×最大幅8.08m×喫水2.51m
主機	ロ号艦本式重油専焼缶 3基、ブラウン・カーチス式タービン 2基 2軸 21,500馬力
最大速力	34ノット
兵装	12cm単装砲 3基 三年式機砲(6.5mm機関銃)2挺 53cm連装発射管 2基
竣工年月日	大正11(1922)年9月30日
沈没年月日	昭和19(1944)年3月30日

沈没地点
パラオ共和国・バベルダオブ島
カラマドゥー湾入口
水深　20m

【海底への道程】

駆逐艦「若竹」は「若竹」型駆逐艦の1番艦として建造された二等駆逐艦である。先に建造された「樅」型駆逐艦と外観上の大きな違いはないが、船体幅を若干増して復原性の改善などが図られている。大正10（1921）年に川崎造船所で起工され、翌年9月に竣工、艦隊に就役した。竣工時の艦名は「第二駆逐艦」である。大正13（1924）年に「第二号駆逐艦」に変更され、昭和3（1928）年には再度改名して「若竹」となった。竣工時の番号艦名は八八艦隊計画で大量建造が予定された駆逐艦に対して艦名候補が枯渇することへの対処であったが、ワシントン海軍軍縮条約の締結による計画中止によって艦名候補に余裕が生じたため、二等駆逐艦の命名規則に則った艦名が与えられた経緯がある。

日中戦争では中国沿岸の封鎖作戦などに参加、華南地方沿岸で活動することが多かった。昭和15（1940）年以降、姉妹艦が駆逐艦籍を除かれ哨戒艇に移る中、「若竹」は駆逐艦籍にとどまり太平洋戦争に参加した。旧式で航続力も短いため大規模な海戦に参加することはなかったが、船団護衛や輸送作戦などに従事し各地を転戦した。

昭和19（1944）年3月30日の米機動部隊によるパラオ大空襲に際しても、「若竹」は「第三二号哨戒艇（「樅」型駆逐艦「菊」の後身）と共にパラオからの脱出を図るパタ07船団（「パタ」はパラオ・高雄間の船団の意）の護衛についたが、パラオ湾口3㎞沖にて米艦載機に捕捉され、爆弾4発を被弾、短時間で沈没した。

崩壊した船体の残骸の上に残る円筒形のものは対潜用の爆雷。「若竹」型は艦尾に爆雷兵装をもっていたので、写真も艦尾甲板付近である可能性があるが、残念ながら爆雷以外に原形をとどめているものはない

崩壊した船体。推定であるが、他の写真の様子から、写真右側に見える板状の部材が右舷舷側外板か甲板だろう。鉄骨状のものは上部構造物の残骸か船内のフレームだろうが、崩壊の程度がひどく、写真からは判じかねるといったところ

崩壊した船体から脱落した構造物だが、具体的な場所の特定は難しい。撮影者によれば、水深のある場所に転がっていたとのことなので、おそらく船体中央から後部かけての艦上構造物の一部なのだろう

【海底での邂逅】

駆逐艦「若竹」はパラオの国際空港もあるバベルダオブ島、カラマドゥー湾の入口、水深20m付近に島に寄り添うように眠っており、船体の一部は海岸に散乱している。マングローブ域に近いことから透視度が非常に悪く、日本人らしい表現でその透視度を「味噌汁」と呼ぶこともある。あまりにも見えないことがあり、撮影どころか潜ることすら断念した経験もある場所だ。今回掲載している写真の撮影時はある程度視界も確保され、爆雷やこの撮影時に初めて発見した艦首など、なんとか船らしい写真を撮ることができた。

撮影後、本艦について話を聞いていくと、沈没地点の情報とこのポイントが異なることもあり、この艦はパラオ大空襲で沈没し、比較的形も似ている「第三十一号哨戒艇」の可能性もあるという。現在も残るさまざまな部位を海中で見た者の感想としては、現在の船体の残存具合や破損状況から、船体による同定は難しいように思える。

今回の「若竹」に限らず、戦後の調査により、間違った船名や機種名を付けられ、それが定着してしまった場所は複数存在している。例えば日本の有名な戦闘機、零戦のネームバリューは凄まじく、過去の大戦に起因する日本の航空機であれば全て「ゼロ」と呼ばれてしまう。これは外国人だけではなく日本人にも言えることだ。おそらく今後も現地でもこのレックは「若竹」と呼ばれ続けると思うのだが、本書を読んでいただいた皆さんにはそういう話もあるということを心にとどめていただけたらと思っている。

1／海底に横たわるボイラー。横倒しになり、半ば砂泥に埋もれているが、無数の細管が見えている。爆撃による損傷と経年による船体の崩壊によって海底に投げ出され、このような状態になったのだろう
2／円筒状の強固な構造物。船体が崩壊しているために正確な場所は不明だが、水深の浅い艦首側での撮影とのことなので、一番主砲塔の支持構造かもしれない。主砲が見当たらないが、これは沈没時に脱落した可能性もある
3／崩壊した艦首先端部。ネコの頭のシルエットのような窪みはアンカーレセス（主錨を収容する凹み）である。形状からして写真下側が艦首先端方向であり、見えている部分は右舷側ということになる

海底に散乱する船体の一部。ここまでバラバラだと艦のどの部分なのかを判断することも難しく、解説者泣かせの一枚である。陸地に近いため、船体には細かいシルトが積もっている

特設巡洋艦
「清澄丸」

「清澄丸」は左舷を下に横転するかたちで沈没しており、写真は右舷中央部の短艇甲板付近と思われる。「清澄丸」沈没地点の水深は30m前後とされ、船体幅から撮影場所の水深は十数m前後だろう。光量が多いためか船体は多くの付着生物に覆われている

右舷の船橋基部周辺。写真右手の船橋中央部は激しく破壊されており中央に見えるデリックポストも途中で折れている。写真左手には、機銃座の跡が確認できる

輸送物件のドラム缶。「清澄丸」は第十七師団の輸送中に損傷してトラックに入港している。兵員、物資はカビエンで僚船に移したとされるが、このドラム缶は積載できなかった一部の貨物で、車両量燃料などかもしれない

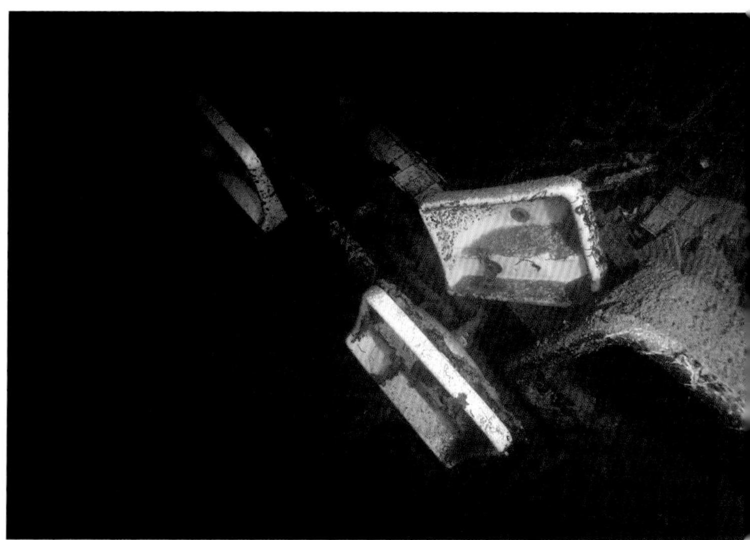

船橋内の洗面所。陶製の洗面台の白さは時間の経過を感じさせない。中央の洗面台が外れ、床に張られた暗色のタイルも広い範囲で剥落している。空襲による直撃弾の衝撃によるものかもしれない

特設巡洋艦「清澄丸」

DATA（特設巡洋艦時）

総トン数	8,613t（1938年時）
主要寸法	全長139.02m×最大幅18.59m×喫水3.526m
主機	三菱ズルツァー型ディーゼル機関 1基 1軸 8260馬力
最大速力	18.73ノット
兵装	15cm単装砲8基 53cm連装発射管2基
竣工年月日	昭和9（1934）年10月5日
沈没年月日	昭和19（1944）年2月17日

沈没地点
チューク州フェファン島（日本名：秋島）の東
水深　30m

昭和17年、シンガポール・セレター軍港で撮影された「清澄丸」（資料提供／大和ミュージアム）

【海底への道程】

特設巡洋艦「清澄丸」は、昭和8(1931)年5月に起工、昭和9(1934)年10月に竣工した貨物船である。船主である国際汽船(その後、大阪商船に合併)が、経営改善のために政府の優先船舶助成施設を利用して建造した優秀船であった。このため有事には軍に徴用され特設艦艇として利用されることが、当初から織り込まれており、昭和16(1941)年に海軍に徴用されて15㎝砲などを装備し、特設巡洋艦に改装された。特設巡洋艦は高速で大型の優秀商船を武装して補助的な巡洋艦とするもので、通商破壊戦や船団護衛などに充当されることが多かった。

だが呉鎮守府籍を与えられた「清澄丸」は第二十四戦隊に編入されたものの通商破壊戦ではなく、輸送任務に従事することが多く、輸送隊の一隻としてミッドウェー海戦にも参加している。その後もニューギニアなど各地への輸送任務あたっており、巡洋艦として通商破壊作戦に従事する機会はなかった。

昭和18(1943)年11月3日、ラバウルへの輸送作戦に参加した「清澄丸」はB-24の空襲によって損傷、カビエンを経由してトラックに向かった。しかし昭和19(1944)年1月1日、米潜水艦の雷撃を受け航行不能となり、軽巡洋艦「那珂」らの救援によってかろうじてトラックにたどり着いた。

トラックでは工作艦「明石」による修理が計画され、夏島(現トノアス島)付近に停泊して修理を待っていたが、その機会を得られないまま、昭和19年2月17日のトラック大空襲に遭遇、爆弾1発の命中によって沈没した。

船橋付近の25mm連装機銃。25mm連装機銃は特設船舶の標準的な対空火器であり、一般的には船橋部に装備されていたが、本船も船橋左右に各1基を装備していた。「清澄丸」は沈没時の空襲で船橋部へも爆弾を受けており、船橋上部が崩壊している

【海底での邂逅】

ミクロネシア連邦・チューク州（旧名：トラック諸島）、フェファン島（日本名：秋島）の東、水深30ｍに左舷を下に眠っているのが「清澄丸」だ。船倉を覗いて見ると、ドラム缶が所狭しと崩れ落ちている場所や、自転車、船のスクリューなどに出会うことができる。その中でこの船の最大の見どころは、網目状に張り巡らされたキャットウォークを潜り抜けて入るエンジンルーム（機関室）だろう。

ガイドさんに連れられて陽光の入らない奥にたどり着くと、たくさんの計器類やランプ、バルブといった人工物が、ライトに照らされ浮かび上がってくる。船体は横倒しなので、正立の船体を潜るよりも複雑な移動になる。水中で迷うことは許されない。もちろん待っていてくれるのだが、ガイドさんを見失わないように。撮影に夢中になりすぎないよう、注意をしながら先に進む。大袈裟に聞こえるかもしれないが、暗闇を経て、外の光を見つけたときの安心感は、ガイドさんがいるとはいえほっとするものである。

天井になる部分には、かなりの重油が溜まっている場所がある。元々の積荷なのか燃料なのかは分からないが、漏れ出して溜まってしまったのだろう。これが船の外に漏れ出したら環境への影響や、現地の生活に直結する由々しき事態となる。そこで日本からＪＭＡＳ（日本地雷処理を支援する会）といった組織が2022年現在も漏油回収を継続している。戦後の日本艦船の〝処理〟がいまだに続けられていることは、ぜひ皆さんにも知っていただきたい。

特設巡洋艦「清澄丸」

船倉内に残る自転車。自転車は大正時代には国産化も進んで一般への普及が始まっており、太平洋戦争中の陸海軍でも兵士の足として利用された

機関室から天井を見上げた一枚。キャットウォークの重なりは静謐で幻想的である。「清澄丸」は主機として7,600馬力の三菱ズルツァー型ディーゼル機関1基を搭載していた

1／漂うクラゲが印象的な甲板。垂直な壁のように見えるが、「清澄丸」の船体は横倒しに着底しているので垂直面が甲板であり、おぼろに見える開口部は船倉口
2／錆に覆われ、計器やランプの並んでいる機関室のパネル。配電盤と思われる。「清澄丸」の竣工は昭和9年であり、すでにデリック等をはじめとする船内動力は電動化されていた
3／甲板上の門型のデリックポスト。写真はおそらく二番船倉背後の門型ポストだろう。このポストの前後、二番船倉と三番船倉の左右などに各部に15cm砲合計8門を搭載していた

機関室付近。天井部分が大きく開放されているよう見えるのは、爆撃によって船橋上部が被害を受けているからと思われる。写真では水平に見えるが、「清澄丸」は横転して着底しているため、実際には下になった右舷側を見下ろすように撮影してるのだろう

正面左舷側から見た司令塔。司令塔前端部に見える小さな架台は磁気コンパスの設置台。磁気コンパス設置台の後方には上部ハッチがあり、ハッチから身を乗り出した時に艇長の目の前に磁気コンパスが位置するようにデザインされている

艇の前方から見た司令塔周り。司令塔の断面が極力抵抗を減らすための流線形となっていることが分かる。一段高くなっている部分から突出しているのが特眼鏡(潜望鏡)の先端部である

昭和19年8月、輸送艦に搭載された甲標的(丙型)(写真提供/勝目純也)

右舷側後方から見たスクリュー周り。二重反転プロペラがよく分かる。スクリューの周囲に見えるリング状のものは、スクリューを保護するプロペラガード。プロペラガードを支持するアームは、それ自体が舵を保護している

甲標的

DATA(甲標的丙型)

水中排水量	50t
主要寸法	全長24.9m×最大幅1.85m ×全高3.4m
主　機	電動機 1基 1軸 600馬力 発電用ディーゼルエンジン 40馬力
最大速力	水上6ノット、水中19ノット
兵　装	45cm魚雷発射管 2基
竣工年月日	昭和19(1944)年1月 丙型第一号艇(通算五六号艇)

沈没地点

小笠原諸島·父島　二見湾

水深　33m

【海底への道程】

「特殊潜航艇」とも呼ばれる「甲標的」は、日本海軍が開発した小型潜水艇である。本来は艦隊決戦に使用する前提で開発され、母艦に搭載されて敵艦隊の進路前面で発進、水中高速を生かして雷撃を試みるものであった。なお甲標的は秘密兵器として開発された関係で、小型潜航艇という本来の目的を秘匿する必要があり「対潜爆撃標的」とされたことから甲標的と称された。

開発は昭和6(1931)年に着手され、第一次試作艇は昭和8(1933)年に完成している。だが潜水艦設計の経験のない魚雷関係者が中心となって開発されたこともあり、断続的な改良を重ねながらも洋上襲撃兵器としての甲標的にはさまざまな問題が残った。実戦では真珠湾奇襲など、泊地襲撃に多く使用された。

初期生産艇(乙型登場後に甲型と命名)は二次電池に充電を行う能力がなく、航続性能に問題を抱えていたが、乙型以降では船体を延長してディーゼルエンジンによる充電能力を持つようになった。昭和19(1944)年以降に建造された丙型は、乗員3名として沿岸防備に活用された。丙型の航洋性を改良し、乗員を5名に増加、実用上の連続作戦日数を3日程度にした丁型は「蛟龍」の名称で本土決戦用に量産され、沖縄戦にも投入されている。

小笠原に配備された甲標的は後期生産型の丙型である。丙型はフィリピンでは狭水道を行動する敵艦船を襲撃して戦果も記録しているが、小笠原では実戦に出動する機会はなく、戦後に改没処分されたものと思われる。

後方から見た甲標的の全景。甲標的の沈没地点は撮影者によると透明度の悪い場所であり、写真は比較的透明度のよい状態。海中の状況によっては全景が確認できないこともあるという

艇尾部分はよく原型をとどめている。絡まっているのはワイヤーのようだが、甲標的は艇首と司令塔、司令塔と艇尾の間にワイヤーを張って障害物が絡みつかないようにしてあり、これが脱落した可能性もある

艇後方からスクリューを見る。甲標的の推進器は二重反転プロペラで、縦舵、横舵はスクリューの前方にある。これは甲標的の開発が潜水艦専門家ではなく、魚雷関係者を中心に行われたことが影響している

【海底での邂逅】

本書64ページで紹介している小笠原諸島・父島に眠る第五十号駆潜艇の艦尾から、目印のために伸ばしている1本のロープ(ガイドロープ)を辿ると、特徴的な二重反転プロペラをこちらに向けた状態で鎮座する〝特殊潜航艇〟甲標的丙型に到達する。

小笠原には3隻の甲標的があるとされ、もう1隻の場所も判明している。だが、駆潜艇を基準に訪れることが可能で、行きやすいことから、ダイバーが甲標的を訪ねたいとなった場合、こちらの方が確率は高いのではないだろうか。

しかし、第五十号駆潜艇で述べたことと重複するが、このポイントは透視度が極端に悪いことがある。よいときであれば潜航艇のプロペラから艦橋まで望むことができるのだが、悪ければ数メートル先すら見えないこともあり、これはばかりは運となる。

艦尾のプロペラの周りにはサンゴが散乱しているが、少しずつ前方へと泳いでいくと、地形のせいか徐々にその姿は砂に埋もれ、残念ながら艦首は全く見ることができない状態である。駆潜艇とセットで見たい場合、水深20m後半がダラダラと続くことになるので、レジャーダイビングの範囲で潜るのであれば減圧不要限界(DECO)に注意しつつ、深い方にあるこの甲標的を先に見てから駆潜艇に戻ることをお勧めする。

2人乗りで長さが23・9mと、さほど大きくはない甲標的ではあるが、ここまでしっかりと船体を見ることができる場所はほかにない。もし出会うチャンスがあるのであれば、それは貴重な経験となるだろう

甲標的

左舷側から見た司令塔。司令塔前端部中央に見える穴は破孔ではなく、昇降用の足掛けだろう。甲標的に乗り込むためのハッチは司令塔上部にある(腐食や付着物で分かりづらいが、写真でもわずかに見える)。そのための足場が必要なのである

海底に半ば埋まっている艇体。画面奥に見えているのは司令塔である。真珠湾攻撃などに投入された甲標的甲型に対し、小笠原に配備された甲標的丙型はディーゼルエンジンを追加して充電能力を追加した。しかしこのアングルからではほとんど見分けがつかない

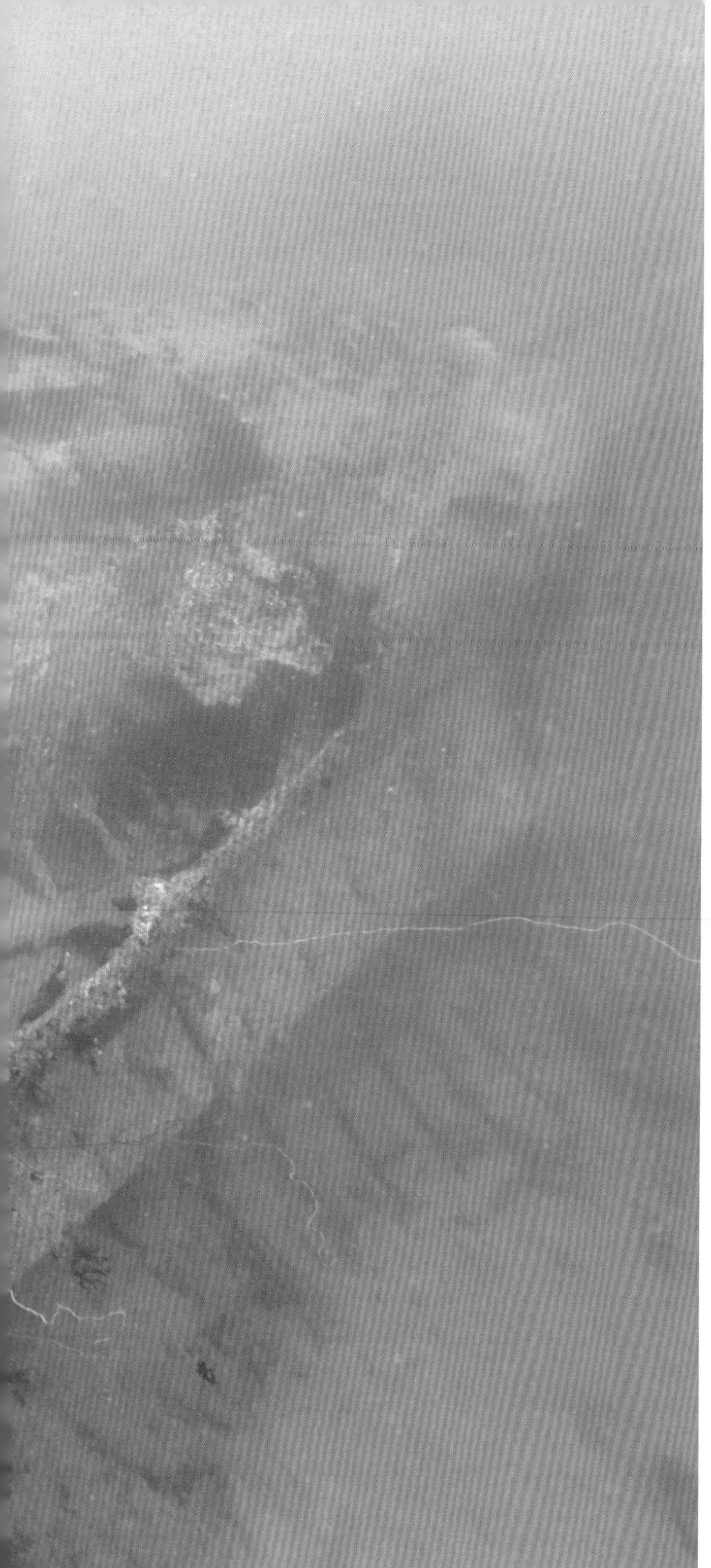

船体は内殻まで損傷しているが、その周辺には外殻と内殻、縦通材のような構造が見える。損傷個所からは船体内部も覗いているが、砂泥の堆積もあって詳細は観察できないのは残念だ

船体の崩壊箇所。伊一潜は爆雷攻撃や砲撃戦のほか、掃海艇の体当たりといった沈没に至った戦闘の損傷以外にも、機密保持のため日本海軍機による爆撃でも直撃弾を受けている

大きく破損した伊一潜の船体。断ち割れたように見える船体の損傷が、掃海艇「モア」による体当たりの痕跡とすれば、左舷後部の損傷部分を記録した一枚ということになる

伊号第一潜水艦

DATA（竣工時）

基準排水量	1,970t
主要寸法	全長97.50m×最大幅9.22m ×喫水4.94m
主機	ラ式2号ディーゼル機関 2基 2軸 水上6,000馬力、水中2,600馬力
最大速力	水上10ノット、水中3ノット
兵装	14cm単装砲 2門 7.7mm機銃 1挺 53cm発射管 6門
竣工年月日	大正15（1926）年3月10日
沈没年月日	昭和18（1943）年1月29日

沈没地点
ソロモン諸島・ガダルカナル島タンベア村の沖
水深　28m

伊号第一潜水艦。セイルに「イ1」と書かれている（資料提供／大和ミュージアム）

【海底への道程】

伊号第一潜水艦(伊一潜)は、日本海軍がドイツ式設計を導入して建造した最初期の大型潜水艦である。

日本海軍は第一次世界大戦後、ドイツから戦利潜水艦として機雷敷設用潜水艦を取得した。これを国産化して整備すると同時に、ドイツ海軍最新の大型潜水艦であったU142型の設計を取得して国産化し、その後の日本海軍の大型潜水艦の基礎となった。これが伊号第一潜水艦型であり、伊一潜(計画時の艦名は第七四号潜水艦)はその一番艦である。

大正12(1923)年に川崎造船所で起工され、大正15(1926)年に竣工した伊一潜だが、昭和10年代(1930年代後半〜)には旧式化が目立つようになっており、新型潜水艦の建造に伴い、第一線任務から引き上げられる予定だった。

しかし日米関係の緊張もあって、一部装備の近代化を行いつつ、第一線にとどまり、開戦後は真珠湾方面、北方海域、豪州方面を転戦した。豪州方面での通商破壊戦では、撃沈戦果も記録している。

しかし昭和18(1943)年1月29日、ガダルカナル島への輸送任務中にニュージーランド海軍掃海艇「モア」と「キウイ」の2隻と戦闘になり損傷、擱座し、その後に沈没した。

ところが沈没地点は浅く、伊一潜の船内には機密書類が残っていた。日本海軍は爆雷や航空機による船体の破壊を実施したが、完全ではなく、暗号表などの機密文書が連合軍に回収されている。

伊号第一潜水艦

【海底での邂逅】

ソロモン諸島・ガダルカナル島、過去の大戦に詳しい人であれば、かつて「餓島」と呼ばれる激戦地だったことはご存知だろう。この伊号第一潜水艦は、ガダルカナル島でベースとなる首都ホニアラから、トラックの荷台に揺られること約1時間、タンベアと呼ばれる村の沖に眠っている。

ガダルカナル島は陸上だけでなく、周辺海域でもソロモン海戦などの激戦が繰り広げられており、その沈没した艦船の数からアイアンボトムサウンド（鉄底海峡）と呼ばれるほど多くのレックが存在する。しかし、そのほとんどは、ダイバーが潜ることのできる水深をはるかに超えているため、実際に出会うことができるものはほんのわずかである。

この伊号潜水艦は、艦首は水深3mから10m、艦尾で28m程度の水深にある。ただし、少々沖にあるため海岸から泳ぐ必要があり、非常にアプローチの厳しいポイントである。実際に潜ってみると、透視度はお世辞にもよいとは言えない。艦首部分は戦後サルベージされたために、ほとんど見分けがつかない状態で、水深を落としていくにつれ、徐々に潜水艦らしいフォルムになってゆく。船体は裂けており、その中を潜ることは可能だが、残念ながら私の知る伊号潜水艦の内部とはかけ離れた状態である。

しかしながらこの伊号から機密文書が奪われたことで戦況に大きな影響があったといわれており、歴史的に考えると、この伊号を潜ることは大変貴重な体験になるだろう。もし興味があれば、ホニアラにある「TULAGI DIVE」を訪ねてみてほしい。

この損傷部分は鋼鈑が派手に捲れ上がっているので、経年劣化によって自然に崩壊したのではなく、戦闘で損傷したか沈没後の調査などで爆破された結果の破孔なのだろう

船体の外板が二重になっているように見えるが、これは内殻と外殻。耐圧構造になっているのは内殻部で、外殻は耐圧構造ではなく、内殻と外殻との間に燃料や浮力タンクが配置される

海底に横たわる伊一潜の船体。おそらく写真右側が甲板面で、船体を艦首方向から撮影している。手前に見える円筒状の部分は艦橋部の司令塔のようだ。船体の外殻と同様、艦橋部の外板も失われていると思われ、往時の印象はとどめていないだろう

大きく崩れた船体。内部から破壊されたようには見えないので、艦内からの爆発などによる損傷ではなく、
戦闘での被弾や沈没時の衝撃で損傷したのかもしれない

1 ／艦内を進むダイバーの視点。排水量2,000トン弱の大型潜水艦とはいえ船体の最大幅は10mもなく、船体規模そのものは駆逐艦よりも小さいため、艦内は狭隘である
2 ／おそらく機関室か二次電池室で撮影されたと思わる一枚。床は簀子状になっていることが見てとれる。機関や二次電池の整備のために、床下にも必要に応じて入ることが可能だった。
3 ／船体内部の中央に見える長い棒状のものはエンジン、モーターとスクリューをつなぐ推進軸のようで、艦尾付近であろう。ダイバーとの比較で耐圧船殻の内径が具体的にイメージできる

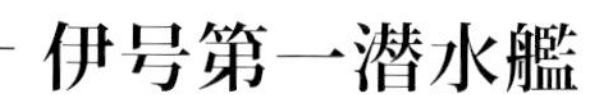

伊号第一潜水艦

バラバラの船体は、潜水艦の残骸と言われないと判別が難しいほど。中央にみえる円筒状の部分が耐圧船殻である内殻だろう。周囲に散乱しているのは、沈没後に波浪や腐食で崩壊した外殻の残骸

船体の破孔を見る。高張力鋼製の耐圧船殻である内殻に大きな破孔が見え、艦内が覗いている、この損傷は哨戒艇との戦闘によるものではなく、その後の日本軍による爆破時に生じた可能性が高い。無残な姿だが、こうした開口部を利用してダイバーは艦内の探索を実施できるので痛し痒しといったところ

艦尾部分。破損がひどい上に半ば海底の砂に埋もれているが、中央に見える弓型のものはスクリューと舵のガードだろう。船体が右舷に傾斜して着底しているとすれば、その上に見える矩形のものは縦舵かもしれない

補助艦艇・徴用船

貨物船「山鬼山丸」

貨物船「桃川丸」

特設運送船「乾祥丸」

特設運送船
「乾祥丸」

右舷側から見た船橋背面。この部分は程度が良好でよく残っている。階段の横に見える柱はデリックポストだが、本来よりもやや背が低くなっている。上部が折損したのか、戦時中に切り下げられたのかは不明

画面右手、船外に突き出るように見えている二本の棒状のものは搭載艇用のダビット。となると撮影場所は船体中央部、ブリッジ後方の煙突付近で、左手に柱のように見えるものは機関室の通風筒だろう

船倉内に残されている機械。かなり原形をとどめているようだが、用途は特定できない。天井が開放されているが、これはハッチボードが腐食して失われたため

船橋内部。天井は抜けてしまっており、艤装品もほとんどが失われているが、窓枠や写真手前に傾きながらも残っているエンジン・テレグラフから写真の空間がブリッジであることが伺える

特設運送船「乾祥丸」

「乾祥丸」の竣工記念絵葉書（資料提供／小高正稔）

DATA（海軍徴用時）

重量トン数	7,000t
主要寸法	全長116m×最大幅16m ×深さ9.25m
主　機	ディーゼル 1基 1軸 3,450馬力
最大速力	16.5ノット
兵　装	不明
竣工年月日	昭和13（1938）年8月30日
沈没年月日	昭和19（1944）年2月17日

沈没地点
チューク州フェファン島（日本名:秋島）の東
水深　42m

【海底への道程】

チュークに沈む「乾祥丸」は乾汽船が保有した貨物船であり、船名の「乾」は乾汽船の保有船であることに由来している。昭和13（1938）年2月28日に起工され、同年8月30日に竣工した後は、三井物産株式会社船舶部に傭船されていたが、昭和15（1940）年9月に横須賀鎮守府職の一般徴用船として日本海軍に徴用された。

翌年には一般徴用船から特設輸送船に切り替えられ、トラックやクェゼリンなどへの輸送に従事した。これは太平洋戦争開戦後も変わらず、横須賀鎮守府直卒輸送部隊に軍隊区分によって編入され、昭和17（1942）年から翌18（1943）年を通じて各地への人員貨物の輸送に従事している。本船は海軍徴用以来、一度も上陸作戦などの華々しい作戦輸送に従事することはなかったが、地道な補給任務によって前線を支えていたのである。

だが昭和18年12月19日、トラック（現チューク）からクェゼリンに向かう船団に参加した「乾祥丸」は、往路の途中でB-24爆撃機16機による空襲を受けて損傷し、航行不能に陥った。しかし沈没は免れ、輸送船「吉田丸」に曳航されクェゼリンに入り、1月3日にルオットへ移動、ルオットからは輸送船「桃川丸」に曳航されトラックへの帰還に成功した。

トラックでは工作艦による修理を待って夏島付近で待機していたが、昭和19（1944）年2月17日のアメリカ第58機動部隊によるトラック島空襲に遭遇、行動不能状態だったため脱出できず、攻撃を受けて沈没した。

甲板上に散らばる陶器類。洗面台や食器など雑多で、これらはダイバーが船内から持ち出したものである。危険な船内探索をせずに観光客に往時の搭載品を見せ、記念写真を撮るための工夫でもあるのだろう

船首砲座に残る平射砲。兵装については史料が残されておらず詳細は不明だが、写真からは旧式の12cm平射砲のように見える。後部には砲の搭載はなかったようで、この砲と若干の機銃、爆雷が本船の兵装だったのだろう

付着生物のために分かりづらいが、船首甲板上には揚錨機（ウインドラス）が残る。揚錨機は文字通り錨と錨鎖を巻き上げるためのもの。強固な構造なので「乾祥丸」に限らず原形をとどめていることが多い

【海底での邂逅】

乾祥丸はミクロネシア連邦・チューク州（旧名：トラック諸島）、フェファン島（日本名：秋島）の東、約1㎞の地点、水深42mに正立状態で眠っている貨物船である。私自身、この船にはかなり潜っているのだが、残念ながら場所的な問題なのか、透視度がよいことはあまりないような印象だ。

船にアプローチをしてみると、甲板上にはダイバーによって船内から持ち出されたと思われる多数の陶器類や、船の部品などが置かれている。船橋の保存状態もよく、内部に入ることもできる。そしてこの船の最大の見どころとなるのがエンジンルーム（機関室）だ。

入ってみると吹き抜けのように広い空間となっており、その吹き抜けを左右から横断するように作られているキャットウォークが空間にアクセントを加えている。船倉ではなくエンジンルームでこれだけ広い空間を得ることはめずらしいのではないかと思う。機械や壁に囲まれた無機質な空間に、天井の通風口から入り込む光が降り注ぐ光景は、淋しさの中に美しさをも感じ、なんとも言えない感情が込み上げてくる。吹き抜け以外のエンジンルームを探索すると、きれいに整列したレンチなどの工具や、たくさんの計器板などを見ることもできる。

エンジンルーム以外の船内に目を向けてみると、船橋内部にはお風呂やトイレ、キッチンなどがあり、特にキッチンは床のタイルなどがとてもきれいに残っている。現在でも見かける卵焼きを焼く四角いフライパンや、酒瓶などが無造作に置かれていたりするなど、とにかく見どころが多いのが、この船の特徴である。

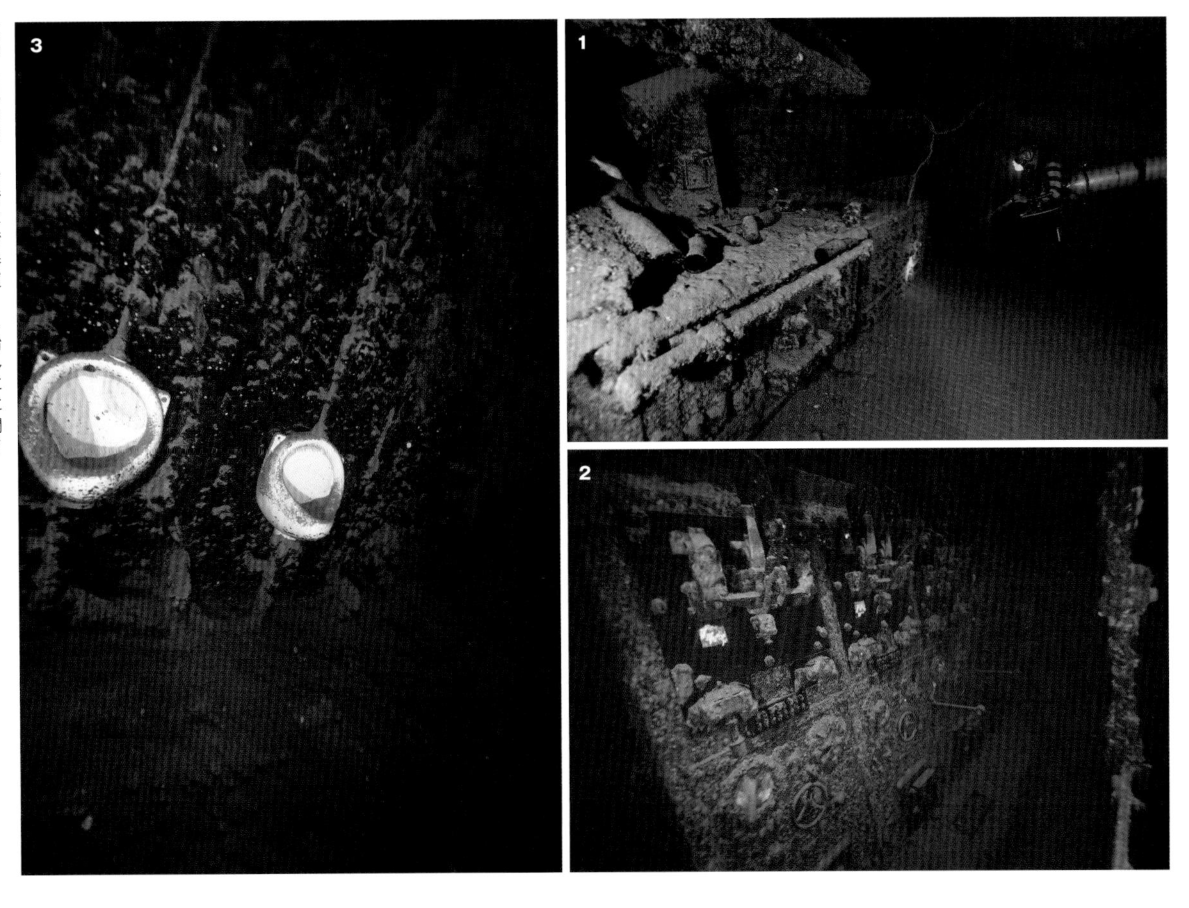

1／厨房も往時の姿をよくとどめている。画面左側はオーブンなどが並んでいる。豪華客船などではない汎用貨物船の船内艤装はめずらしく、その意味でも貴重な存在といえよう
2／機関室内の運転室ないしは配電盤。機関室内ではエンジンの横にばらばらに機関員がついているわけではなく、多くは主として計器や操縦装置の集約された運転区画で操作を行っていた
3／トイレに並ぶ小便器。このタイプの便器は明治期には国産されていたらしい。堆積物の積もった床に対して白々とライトの光に照らされる便器だけが時間から取り残されているようだ

機関室の状態は驚くほど良好に保たれている。写真手前、床面から頭を出しているのがディーゼルエンジンの頂部。上からの光は採光と換気用の天窓からのもの。エンジンの整備、修理時にシリンダーを開放しピストンなどを引く抜く必要があるため、天井が高く吹き抜けになっている

特設運送船
「日豊丸」

ブリッジ上に見える円筒形の手すり状のものは小型の探照灯か測距儀の装備位置。このフレームにカンバスを張り、簡易のブルワークとするのだろう。特設艦艇ではブリッジのウイング端に機銃座を設けた例が多いが、運送船である本船は最後まで軽武装のままであったようだ

船尾付近の甲板を横から撮影した一枚。「日豊丸」の徴用状態での武装は不明な部分が多いが、船尾への砲の装備はないようだ。船尾の武装は人力操作の爆雷投下台程度であったのかもしれない

ブリッジ内の様子。正面の開口部がブリッジ正面の窓。中央に見えているリング状のものが舵輪。木製部分が腐食して失われてしまったため、リング状のフレームのみが残っている

機関室付近は状態がよく、往時の面影をとどめている。写真中央に見える開口部が採光、換気用の天窓。周囲に見える円筒状のものは吸気筒基部。本来はキセル状の空気取り入れ口が上部にあったはずだが、腐食したか脱落して失われている

特設運送船「日豊丸」

船橋後端付近の様子。中央に見えているのは機関室の通風筒で、奥に見えているのは端艇甲板付近の構造物ではないかと推測する。本来なら煙突が写り込んでもおかしくはないのだが、煙突は倒壊し、確認できない

DATA（特設運送船時）

総トン数	3,764t
主要寸法	全長112.5m×最大幅15.24m×喫水7.233m（満載）
主機	蒸気タービン機関 1基 1軸 3,600馬力
最大速力	16.347ノット
兵装	不明
竣工年月日	昭和11（1936）年11月9日
沈没年月日	昭和19（1944）年2月18日

沈没地点

チューク州トノアス島（日本名：夏島）の東

水深　50m

【海底への道程】

「日豊丸(にっぽうまる)」は川崎造船で建造され、岡崎汽船が保有した貨物船である。木材運搬船として設計されており、昭和11(1936)年4月に起工され、同年11月に竣工した。竣工後は台湾航路に就役し、雑貨や食料品などの運搬に従事していたが、日中戦争勃発に伴い、昭和13(1938)年から翌14(1939)年まで陸軍に徴用されている。その後は台湾航路に復したが、昭和16(1941)年に対米戦のために海軍に徴用、香焼島造船で改造工事を実施され、特設運送船(給水船)となった。所属は佐世保鎮守府である。

太平洋戦争開戦当初は馬公警備府に配備され、台湾の馬公ー高雄間の輸送に当たっていたが、昭和17(1942)年5月に第四艦隊付属となり、トラックを根拠地に南洋諸島各島への給水任務に従事した。この間の昭和18(1943)年3月、トラックで沈没事故を起こして殉職者多数を出した伊三三潜水艦を内地に曳航する任務にもあたり、無事に伊三三潜を内地に回航した。

昭和18年6月に保有会社の岡崎汽船は三菱汽船と合併(日本政府による開運会社の整理統合による)し、「日豊丸」も三菱汽船に出資船として提供されているが、所属会社の変更があっても、その任務に変化はなかった。だがトラック入港中の昭和19(1944)年2月17日、米機動部隊の空襲により石炭庫と機関室付近左舷側に直撃弾を受けて航行不能となった。その後さらに爆弾の命中があり、退船が下令され船体は放棄、翌日に「日豊丸」は積み荷とともに海没した。

【海底での邂逅】

「日豊丸（にっぽうまる）」はミクロネシア連邦・チューク州（旧名：トラック諸島）、トノアス島（日本名：夏島）の東、約800mの水深50mに眠っている。水深50mというと、通常のレジャーダイビングの水深をはるかに超えている。そのため潜ることは難しいと思われるかもしれないが、「日豊丸」のように大きな船の場合、水底まで行かず、甲板上をしっかりと中性浮力を取った状態で潜ることで、ある程度水深を浅くキープできることから、レジャーの範囲内で潜ることが可能な場合がある。当然、潜るためには相応の経験やスキルのあるダイバーであることが望ましいが、行けるかどうかは現地のガイドさんなどに相談してみてほしい。

潜ってみると、まず目に付くのが、甲板上の九七式軽装甲車である。同じくチュークに眠る桑港丸（さんふらんしすこまる）（前作「蒼海の碑銘」に掲載）でも似たような形で九五式軽戦車と出会うことができるのだが、それとは別物である。

実際に目にすると、軽戦車や装甲車がこのような形で甲板に置かれ、輸送されていた当時の姿を容易に想像できるであろう。さらに甲板には、対戦車砲である速射砲などもきれいな形で残っている。このような形で速射砲などの兵器にダイバーが出会うことのできる艦船はほかになく、もし訪れることができるのであれば、大変貴重な経験となるのではないだろうか。

最も浅い水深となるブリッジ（操舵室）に入ってみると、操舵輪や電信機、伝声管などが残されている。当時、この船を操船されていた方々は、この場所からどのような景色を見ていたのだろうか。

沈没時に船体から転落しかかった状態のまま、朽ち果ててゆくトラック。70余年の歳月に薄板部分はすべて失われ、シャシーと車輪、エンジン周辺しか残っていない。甲板上あるいは船倉口上に置かれていたのは揚陸直後の活躍を期待されてのことなのだろう

機関室後方の左舷甲板上に残る一式四七ミリ速射砲（対戦車砲）。「日豊丸」の装備ではなく乗船していた部隊の装備品。前甲板右舷側に搭載された九七式軽装甲車と対となる配置で、浮上潜水艦等との砲戦に備えたように思われる

左舷第二船倉脇の甲板上の九七式軽装甲車。付着生物に覆われているが、全体のシルエットが把握できるため特定は容易。写真では砲塔に武装が見えないが、これは砲塔が後を向いているためである

船中央部、端艇甲板付近。やや傾斜して着底した船体とダイバーの対比が本船の大きさを教えてくれる。写真手前と奥、船体から飛び出た曲がったものがボートダビット。その直下の短艇甲板上には救命艇が搭載されていたはずである。海軍への徴用により搭載艇の構成は変更されていた可能性もあるが、ボートダビットの配置に手が入っていないところを見ると、大きな変化はなかったものと思われる

1／甲板上から船橋を望む。写真の奥におぼろげに見える構造物が船橋である。手前に見える長い棒状のものは荷役に使用するデリック。現在ではほぼ見ることはないが、当時の貨物船では必須の装備だった
2／甲板上に並んだ速射砲。沈没時の衝撃や傾斜のために乱れているが、本来は舷側に海側を向いて並べられていたはずだ。これは浮上潜水艦を砲撃するなど、多少なりとも自衛火力の助けになることを期待されたため
3／機関室内から天井を見上げた一枚。画面中央の光が差し込む開口部は天窓。採光や通風のためのもの。沈没時のショックで開放された可能性もあるが、高温の南方では全開が常態であった可能性もある

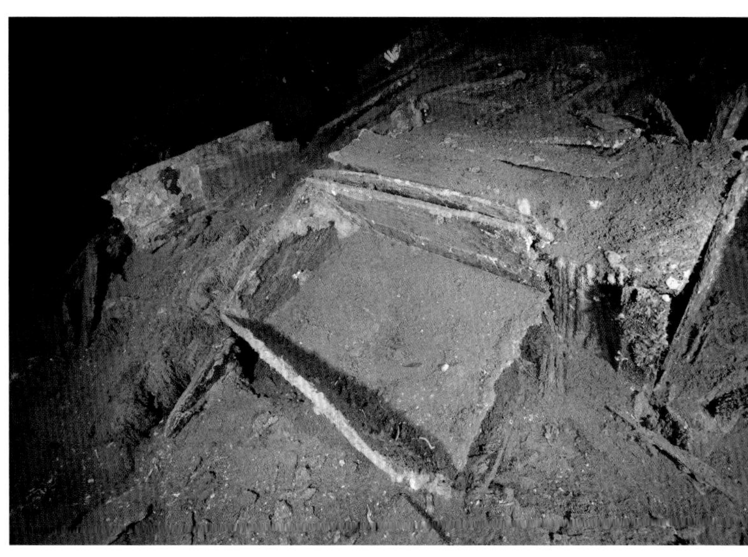

転覆時に荷崩れして船倉内に散乱している木箱は腐食して、形を失いつつある。乱雑に散らばった様子は沈没時そのままに時を止めている。箱の中身も外に転がり出てしまったようで、残念ながら何が収まっていたのか定かではない

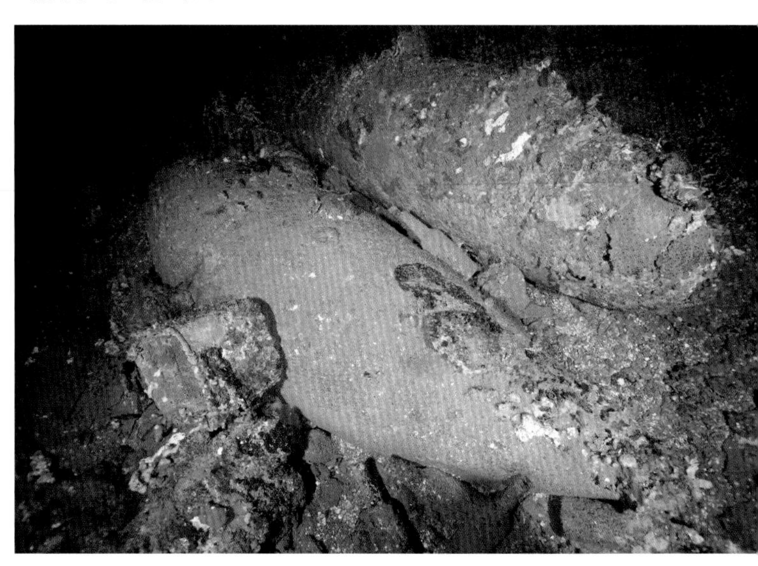

船倉内に転がる砲弾、もしくは爆弾。二つの間に転がる飲料の瓶と比較すると、砲弾とすれば中口径以上のサイズと思われるが詳細は不明。右側のものには懸吊用の金具のようにも見える部分があるので、航空爆弾か増槽の可能性もある

船尾付近の甲板。写真手前に船倉が確認できる。海底に接地していない側の船体は比較的状態もよく、ラッタルなども原形をとどめている。「菊川丸」の兵装は8cm高角砲1門と機銃若干と貧弱で、写真からも砲座などは確認できない

貨物船「菊川丸」

裏返って水面を向く船底は意外に付着生物が少なく、往時の姿をとどめているように見える。ランプは船内か付近の海底にあったものを持ち出したものだろう。今ではコバルトブルーのスズメダイの遊び場となっている

DATA（特設運送船時）

総トン数	3,833t
主要寸法	全長112.5m×最大幅15.24m ×喫水6.917m（満載）
主機	蒸気タービン機関 1基 1軸 2,510馬力
最大速力	14.95ノット
兵装	8cm単装砲 1基 7.7mm機銃 2基
竣工年月日	昭和12（1937）年4月10日
沈没年月日	昭和18（1943）年10月7日

沈没地点
チューク州エッテン島（日本名：竹島）の東
水深　36m

【海底への道程】

「菊川丸」は川崎汽船を船主として昭和11（1936）年に神戸川崎造船所で起工、昭和12（1937）年に竣工した貨物船である。

竣工後は樺太航路（大阪－敷香）に就航したものの、日中戦争の勃発に伴い、昭和12年8月に陸軍に徴用された。しかし、このときは短期間で解雇されている。

徴用解除後は再び川崎汽船の貨物船として活動したが、昭和16（1941）年3月に海軍に徴用され、一般徴用船として佐世保－中支方面間の輸送に従事した。

昭和16年10月には特設輸送船（雑用船）となり、海軍艦艇籍に入籍し、佐世保鎮守府に籍を置いた。もっとも任務は変わらず、本土と中支、台湾方面などへの輸送に従事していた。太平洋戦争開戦後の昭和17（1942）年6月には、8㎝砲を搭載するなど軽度の武装が施されている。

その後、キスカ島など北方で短期間活動しており、潜水艦の攻撃で損傷した特設運送船「鹿野丸」の曳航を試みた記録もある。

昭和17年10月以降は横須賀からトラック、ラバウル等への輸送任務に従事したが、昭和18（1943）年10月7日、トラック泊地の夏島錨地H11番浮標に係留停泊中、船体中央部から原因不明の出火があり、この救難作業中に後部船倉に搭載されていた弾薬に引火、約10分間で船首を上にして沈没した。この事故で475名が行方不明、60名が負傷し、曳船「雄島」も巻き込まれて沈没している。

正面から見た船首。船体は完全に裏返っており、右舷側を海底に食い込ませるように着底しているが、このアングルからだと船首部分の損傷は小さいように見える。左舷側の錨が錨鎖につながったまま海底にあるのは、「菊川丸」の沈没が突然の事故であったことを物語っている

海底に横たわる船体。写真右の海底に接しているのが甲板面で左上の海面にむいた方向が船底となる。船体外板は波打って歪んでいるが、重ね合わせで接合された外板の雰囲気は伝わる

海底に裏返しに横たわる船体を支える後部マスト。着底時に基部から歪んでいるが、梯子などのディティールも確認できる。周辺に見える棒状のものは荷役のためのデリックブーム

【海底での邂逅】

ミクロネシア連邦・チューク州（旧名：トラック諸島）、かつて飛行場が建設されたエッテン島（日本名：竹島）の東、水深約36mに、この「菊川丸」は眠っている。船体はひっくり返るような形で海底に着底しており、その中に入り込むような形で船内を探索できる。

船内で周りに目をやると、おそらく着底した際に船体を支えるような形となっているマストが見てとれる。船倉内には石炭や砲弾、多くの航空機のパーツ、エンジンやカウリングなどが残されている。こうした積荷は、本書でも紹介している同じくチュークに眠る「桃川丸」（114ページ）と酷似しており、他の徴用船などでもやはり似たような積荷が多い。こうしたことから、チュークにおいて、はたまた南洋の島々において、どういった資材の需要があったのかを感じることができるのではないだろうか。

この「菊川丸」において特筆するものとしては、ほかでは見ることのできない自動二輪車と思われる小型車両が残っていることだ。船内において、積荷として置かれている自転車を見ることはあるのだが、バイクを見ることはほとんどないので、そういった意味では大変貴重ではないだろうか。エンジンルーム（機関室）はほぼ崩れてしまっており、一部しか見ることはできない。

本船に限らない話ではあるが、船内を探索している際にビール瓶などを見ると、洋上や停泊中の船内において、この船と運命を共にした船員たちが少しでも休息する時間や、余暇を楽しむ時間はあったのだろうか——そのようなことを考えずにはいられなくなる。

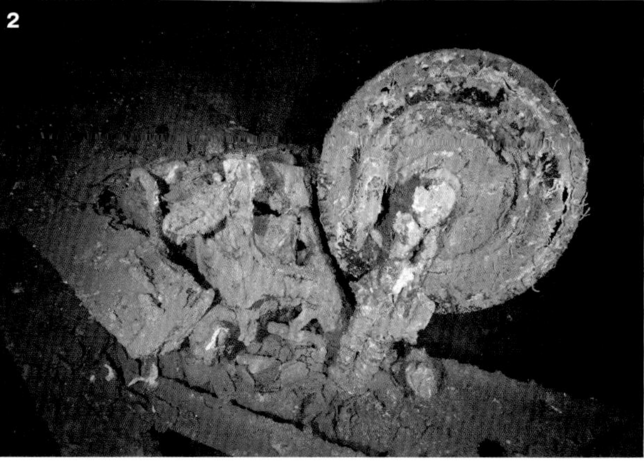

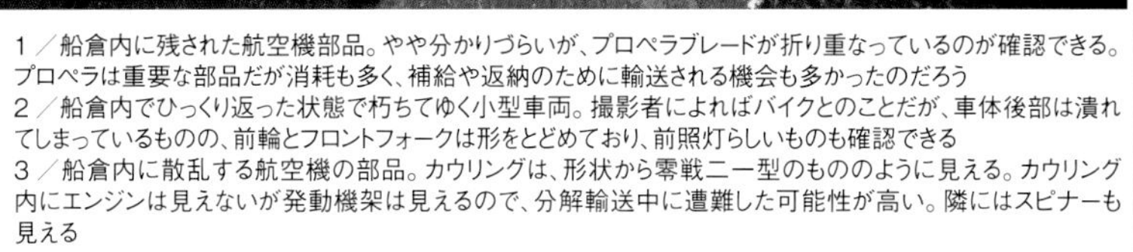

1／船倉内に残された航空機部品。やや分かりづらいが、プロペラブレードが折り重なっているのが確認できる。プロペラは重要な部品だが消耗も多く、補給や返納のために輸送される機会も多かったのだろう
2／船倉内でひっくり返った状態で朽ちてゆく小型車両。撮影者によればバイクとのことだが、車体後部は潰れてしまっているものの、前輪とフロントフォークは形をとどめており、前照灯らしいものも確認できる
3／船倉内に散乱する航空機の部品。カウリングは、形状から零戦二一型のもののように見える。カウリング内にエンジンは見えないが発動機架は見えるので、分解輸送中に遭難した可能性が高い。隣にはスピナーも見える

舷側と船底。写真左側が舷側で右側が船底部。沈没船でなければ、なかなか見ることのないアングルだろう。ダイバーの直下に見えるのはビルジキールで、船体の安定を保つためのもの。大きすぎても抵抗になるが、ないと船体の動揺がひどくなる

貨物船
「桃川丸」

横倒しになった「桃川丸」の船橋部分側面を斜め上の角度から見る。左側に見える船橋のブリッジ付近は原形をとどめているようだ。写真右下には救命艇を揚げ降ろしするためのボートダビットが見えている。

端艇甲板付近を泳ぐダイバー。本来は救命艇が並んでいたはずだが、搭載艇の類は残っていないため、やや殺風景な感じを受ける。すべて失われたか沈没時に乗員が退船するのに利用されたのだろう

船体中央部の船橋部も比較的原形をとどめている。写真手前が船首側で、後方には端艇甲板がぼんやりと見えている。デザイン的には貨客船のような凝ったものではないが、昭和16年竣工の新しい船だけにスマートな印象ではある

横倒しになった船体の船倉口部分。船倉口に渡されている梁はハッチボードのためのもので、荷役時には取り外す。この船倉口から船倉内にアプローチして、さまざまな積荷を見ることができる

貨物船「桃川丸」

昭和19年2月17日、トラック島で空襲下の「桃川丸」(写真中央上)(Photo/USN)

DATA(徴用時)

総トン数	4,027t
主要寸法	全長107.29m×最大幅15.24m×喫水8.38m(満載)
主機	タービン 1基 1軸 2,450馬力
最大速力	15.27ノット
兵装	連装機銃 2基
竣工年月日	昭和16(1941)年3月31日
沈没年月日	昭和19(1944)年2月18日

沈没地点

チューク州

トノアス島(日本名:夏島)の東

水深　40m

【海底への道程】

「桃川丸」は川崎汽船が保有した貨物船である。本船は昭和14（1939）年に川崎重工で起工され、太平洋戦争勃発の年である昭和16（1941）年3月に竣工した。竣工後は樺太航路に投入されており、大阪ー敷香間を結んでいる。

その後陸軍に徴用されたが、これは昭和16年12月の太平洋戦争開戦に伴うもので、陸軍の南方攻略作戦の終了とともに短期間で解雇されたようである。一度は民間に復したものの、昭和18（1943）年6月に改めて海軍に徴用され、一般徴用船（雑用船）として物資輸送に投入された。所管は横須賀鎮守府、配属は一般徴用船のため海軍省である。

徴用後の「桃川丸」は横須賀を拠点として、トラック、さらにトラックを経由してクェゼリンやパラオなどへの貨物輸送、兵員輸送に活躍した。この間には潜水艦の攻撃を受けて自衛用に装備された機銃を射撃したことが記録上から確認できる。

また昭和18（1943）年11月には、潜水艦の雷撃で損傷した給油艦「知床」を曳航し、ルオットから日本本土まで約4300kmに及ぶ回航を成功させている。

昭和19（1944）年1月には、やはり損傷した特設輸送船「乾祥丸」（98ページ）を曳航して、ルオットからトラックへの回航を成功させている。しかし、トラック入港中にアメリカ機動部隊の空襲に遭遇、昭和19年2月17日の空襲では沈没を免れたが、翌日の空襲によって沈没した。

貨物船「桃川丸」

【海底での邂逅】

ミクロネシア連邦・チューク州（旧名：トラック島）、トノアス島（日本名：夏島）の東、水深約40mの海底に左舷を下にして眠っている「桃川丸」は、船倉などをくまなく探索してみると、数多の航空機のパーツや弾薬などが積載されているのが目にとまる。

具体的に記していくと、航空機用のエンジンは下敷きになってしまっているものも含め複数、何枚ものプロペラ、主翼の一部と見られるもの、無造作に転がる航空機用のタイヤ、数台のトラックのフレーム、ドラム缶、石炭、砲弾と薬莢など、これは何に使われるものだろうという物まで含めると、その数は膨大なものになる。特に大戦機の航空機などに詳しい方がこの場所に潜ることができるのであれば、この場所だけで数日過ごせてしまいそうだ。あくまで私の勝手な想像ではあるのだが、これだけの質量があるのであれば、貴重な物（すべて貴重と言われればその通りではあるのだが）もあるのではないだろうか。

この「桃川丸」は機関室（エンジンルーム）などに入ることも可能で、狭い暗闇の中をライトで照らすと、多くの計器類などが浮かび上がってくる。現在は静寂に包まれているこの機関室も、エンジンが稼働していた頃には轟音が響きわたり、計器たちの針も止まることなく動き続けていたのであろう。

記録によれば、筆者は２０１２年、２０１５年、２０１７年、２０１９年と計4回本船を訪れている。また改めて潜る機会があれば、再度船倉内を中心にじっくりと探索し、撮影したいと考えている。

船内から天井の天窓越しに外を見る。暗い船内に天窓から差し込む光が幻想的な写真である。撮影者によると機関室内に入ることができるようなので、これはおそらく機関室内からの撮影だろう

ほぼ真後ろから見た船尾。船体は横倒しで、左側に見えるのが甲板面。記録上本船は連装機銃2基程度の武装しかなく、船尾にあったらしい機銃座もさほど大きなものではなかったようだ

正面から見た横倒しになった船首。写真右側が甲板面。本船は4,000総トン程度で極端に大きな船ではないが、ダイバーと対比するとなかなかの存在感である。写真で見る限り、右舷側の主錨は船体に残されているようだ

天井が抜けて吹きさらしになってしまったブリッジ。中央に見えるのは操舵装置だが、舵輪は腐食して失われている。天井がフレームのみとなっているのは、天井が板張りだったためだろう。滑り止めや断熱、歩行する乗員の疲労軽減のために、当時の船舶は意外に板張りの部分が多い

1 ／横倒しになった船倉内の車輛フレーム。ボディーの外板は腐食して失われているために車種なども判然としないが、タイヤがダブルなのでトラックかその派生車輛だろう
2 ／船倉内の航空エンジン。補給品か前線部隊からの返納品かは分からないが、本来は木枠などで固定されていたであろう。空冷星形14気筒エンジンで、三菱の「瑞星」のように見える。かなり程度がよく、シリンダーのフィンもあまり腐食していない
3 ／船倉内に残る大量の薬莢。本来は木箱にでも納められて整然と積まれていたのはず。保弾頭部や薬莢内の装薬がないので、訓練や防空戦で消費した撃ち殻を再利用するため積み込まれたのだろう

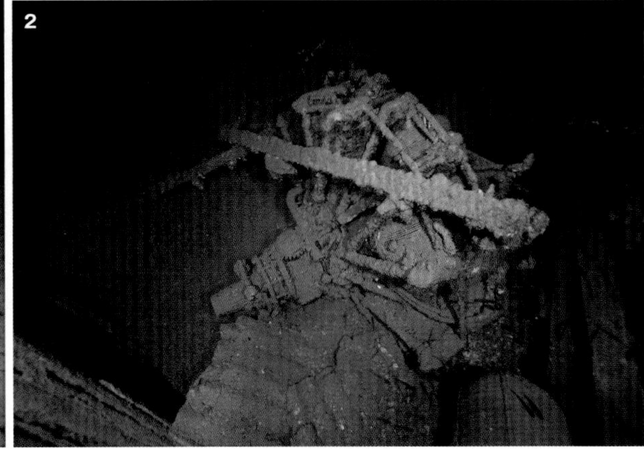

特設運送船
「天城山丸」

煙突と船橋部分はよく原形をとどめている。ダイバーの下に見えるのがブリッジで天井が抜けてしまっているものの全体の形状は保っており往時の面影が伺えるが、荒涼とした雰囲気も感じさせる

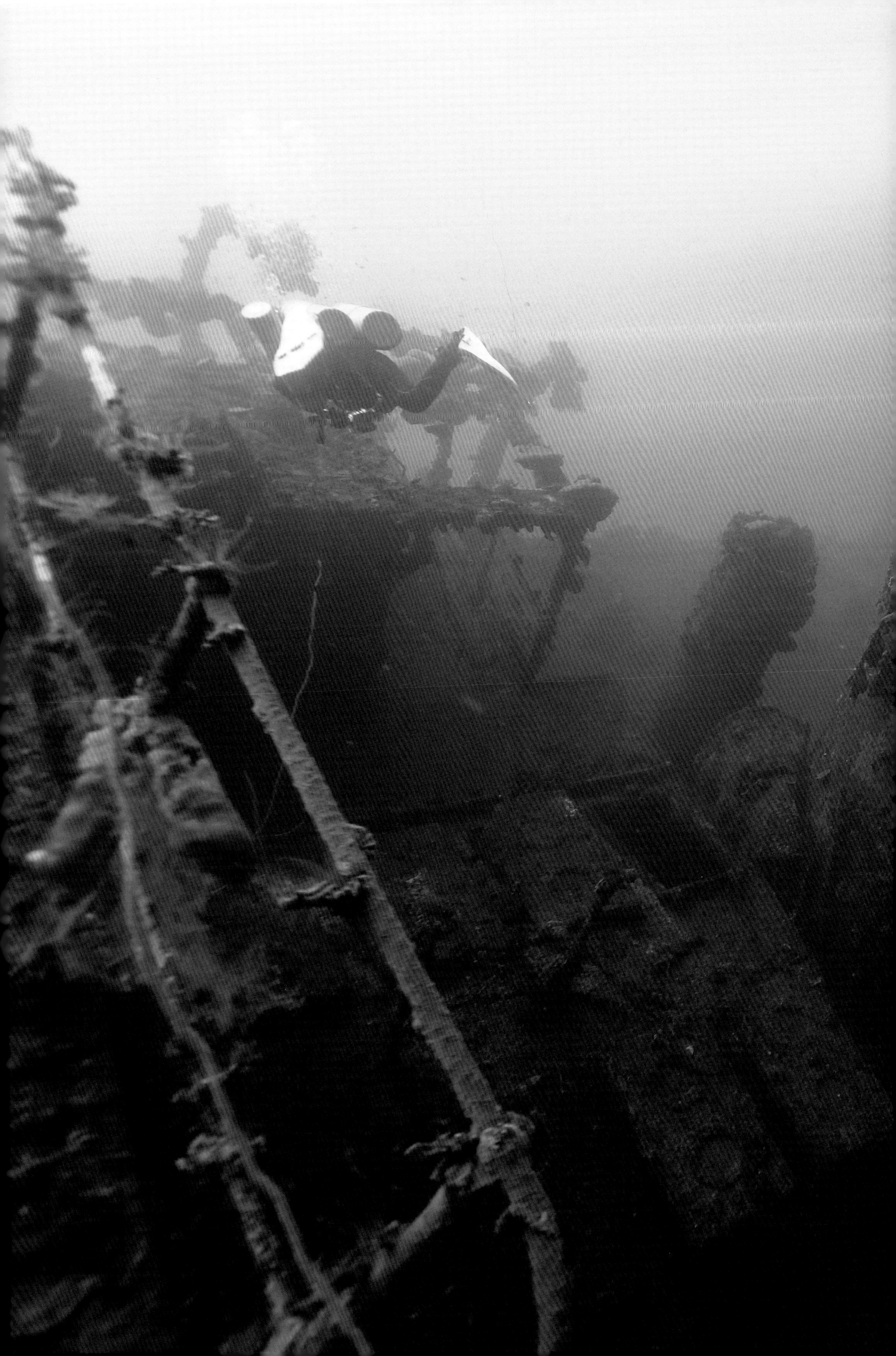

プロムナード付近のアップ。船体中央の船橋から船室部にかけて、遊歩甲板(プロムナードデッキ)が設けられている。「天城山丸」は貨物船だが、設計上旅客定員7名とされており、客室も用意されていた

船橋前から船倉口と門型のデリックポストを見る。デリックポストには、定位置からずれしまってはいるが、荷役に用いるデリックブームも残っている。往時もブリッジから船首を見下ろせば、こうした光景が見えたはずだ

船体中央後方から見た光景。中央奥に影のように見えているのは煙突である。「天城山丸」はディーゼル船なのでそれほど太い煙突は必要ないが、消音器の装備やデザイン上の理由で、ある程度の大きさになっている

特設運送船「天城山丸」

DATA(徴用時)

総トン数	7,623t
主要寸法	全長137.2m×最大幅18.3m ×喫水8.4m(満載)
主機	ディーゼル機関 1基 1軸 8,407馬力
最大速力	18.8ノット
兵装	8cm砲 2門　12cm高角砲 6門
竣工年月日	昭和8(1933)年12月26日
沈没年月日	昭和19(1944)年2月17日

沈没地点
チューク州
ウマン島(日本名:冬島)の西
水深　50m

(Photo/USN)

【海底への道程】

「天城山丸」は三井物産船舶部が政府による船舶改善助成施設を利用して建造した貨物船である。建造は三井造船部玉工場で、昭和7（1932）年に起工され、昭和8（1933）年12月に竣工した。

就役後は北米ニューヨーク航路に就航し、昭和16（1941）年まで日本と北米を往復したが、日米関係悪化にともなうパナマ運河閉鎖によって昭和16年7月には南米回りで日本への帰投を余儀なくされている。

その後、開戦直前の昭和16年10月に海軍に徴用され、舞鶴鎮守府所轄の特設運送船となり、第十一航空艦隊に配属された。

第十一航空艦隊は「艦隊」を称しているものの基地航空隊であり「天城山丸」は、基地への燃料、消耗品、部隊等の輸送にあたることとなった。このため航空用ガソリン8500トン、潤滑油50トンを搭載可能とする改装が実施されている。

太平洋戦争開戦後は南方攻略作戦に従事した。昭和17（1942）年1月のメナド攻略作戦では、至近弾により航行不能となり、ダバオ、マニラ経由で日本に帰投、昭和18（1943）年2月まで修理を受けている。

その後は何度か空襲等で損害を受けたものの大事には至らず、昭和19（1944）年2月に海軍省配属に変更となり、シンガポールからバリクパパン経由でトラックに移動した。だが直後にアメリカ機動部隊の空襲に遭遇、直撃弾数発によって火災を生じ、船首から沈没した。

大きく傾いて着底した「天城山丸」の船体を船首正面から見る。ダイバーとの対比で、船体の大きさが分かるだろうか。「天城山丸」は爆弾による浸水と火災によって船首から沈没したとされるが、意外に船首部分は原形をとどめている

海底に投げ出されたタンクローリー。「天城山丸」はトラック空襲時、基地航空隊関連の輸送にあたっており、この車両も同隊の装備車両で甲板上に係止されていた車両が海底に転落したものであろう

船上に残る自衛用の備砲。「天城山丸」には8cm砲2門と12cm砲6門が装備されたとする資料があるが、写真から確認できるのは船首、船尾の2門ほどで、実際の装備は8cm砲2門が正しいように思われる

【海底での邂逅】

ミクロネシア連邦・チューク州、かつてトラック諸島と呼ばれたこの環礁内に眠る数々の艦船の中の一隻に、この「天城山丸」がある。本船はチューク環礁内のウマン島(日本名：冬島)の西、水深50mに左舷をやや下にして鎮座しているが、水深的にもレジャーとして潜ることが許されている水深40mを超えているために、テクニカルダイビングと呼ばれるスキルや知識が必要となる。レジャーダイバーはシリンダーが背中に一本なのに対し、テクニカルダイビングの場合、写真中のダイバーのように複数本を水中に持ち込むなどすることにより、より深く、より長く潜れるようになる。興味のある方はダイビング指導団体TDIを検索してほしい。

水深50mと聞くと「暗くないのか」という質問をよく受けるのだが、南洋の島々の水深50mは、浮遊物が少ないこともあり、透視度も高く、水深50mに到達しても浅い水深とそこまで明るさが変わることはない。

海底には、おそらく船に積載されていたトラックが落ちており、船内には車のパーツ、航空機の部品、砲弾、日々の生活で使われたのか、自転車なども見ることができる。中でも特筆すべきは、他の船では見たことのない船内の一室に整然と収納された砲弾だ。これは当時の状況をよく知ることのできる遺物であろう。現地のガイドさんもなかなか潜ることがないと話すこの「天城山丸」だが、逆に言えば潜ることがないからこそ、今後も新しい発見があるのではないだろうか。

砲座の上で朽ちてゆく備砲。付着生物のために細部が判然としないが、あまり大きく見えないので8cm砲であろう。射界の広くとれる船首、船尾に砲座を置くのは特設艦船の定石である。可能性としては船橋付近に機銃の装備が予想されるが、こちらは写真や記録で確認できない

1／船倉内の様子を写した一枚。木箱か木枠の残骸らしきものの奥に、自転車が見える。これも基地航空隊関連の積み荷だろう。本船はトラックからサイパン方面に向かう予定だったので、空襲に遭遇しなければサイパン島で陸揚げされていたかもしれない
2／弾薬庫とされる場所の中には、輸送物件であったであろう弾薬類が詰まっている。手前の朽ちた木箱の中には機関銃弾が入っており、奥のラックには整然と砲弾が並べられている
3／少し分かりづらいが、船倉内に散らばる航空機の尾翼。一式陸上攻撃機の水平尾翼のように見える。ポツンと投げ出されているが、本来は木枠に梱包されて輸送されていたはずだ。トラック島に部隊を派遣していた第七五三航空隊などに関係するものだろう。
4／船倉内に残る車両。車両後部を写しており、トラックではなく乗用車である。こうした車両が配備されるのは意外に思えるが、高級将校の移動、連絡、偵察などのために必要性がある。これも基地航空隊関係の装備なのだろう

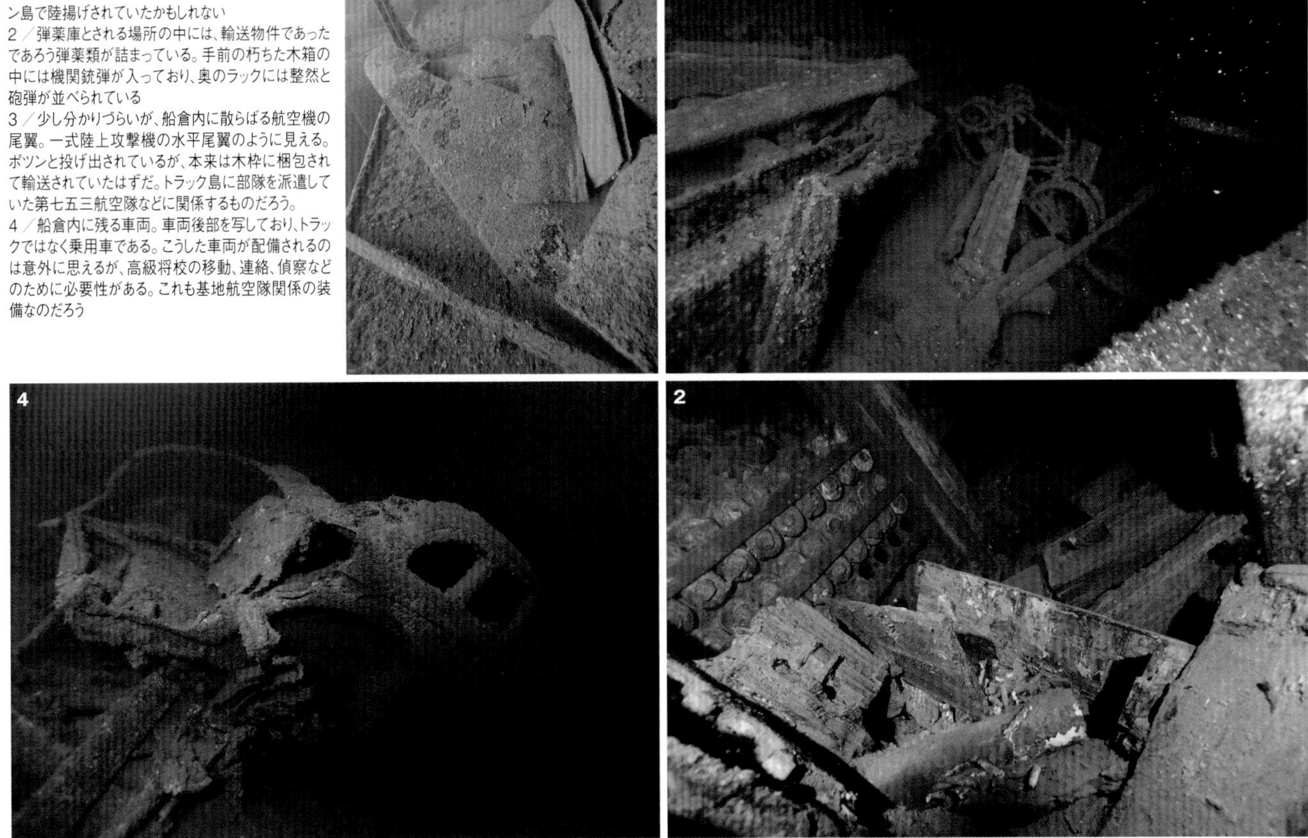

船首に設けられた機銃座には連装機銃が残る。写真右手に2本並んで突き出しているのが銃身だが、途中で折れて短くなっている。機銃の上に見えている板状のものは陸戦用重機関銃の保弾板。対空機銃とは無関係なので、船内から持ち出されたのだろう

船倉内に散乱する弾薬。中央に見える大きな薬莢は高角砲用のもの。右手前に積み重なっているのは小銃弾で陸戦兵器。本船はトラックなども搭載しているので、輸送する陸戦部隊か設営隊の装備だったのだろう

甲板の四角い開口部は船首の第一船倉の船倉口。本来は木製のハッチボードで閉鎖され、キャンバスシートをかけて防水する。ハッチボードで閉鎖した船倉口の上に、車両や舟艇、飛行機などを乗せて運搬することも多かった

貨物船「山鬼山丸」

フレームの一部と車輪しか残っていない、甲板上に残されたトラック。左手から写真中央に伸びる棒状のものはデリックブーム。フレーム外の右奥にはポストがあるはずである

DATA（徴用時。諸元は一部推定）

総トン数	4,396t
主要寸法	全長113.1m×最大幅15.8m ×喫水9.0m（満載）
主機	蒸気タービン機関 1基 1軸 2,896馬力
最大速力	15.2ノット
兵装	不明
竣工年月日	昭和17（1942）年3月20日
沈没年月日	昭和17（1942）年3月20日

沈没地点
チューク州エッテン島（日本名：竹島）の東
水深　36m

【海底への道程】

「山鬼山丸」は鏑木汽船を船主として昭和16（1941）年に起工され、昭和17（1942）年3月に竣工した貨物船である。平時標準船B型に属する貨物船で、川崎汽船の「雪川丸」や「月川丸」などが同規格船だが、細部の仕様は異なる。

竣工は太平洋戦争開戦後ではあるが、「山鬼山丸」は約1年半の間は民間船として運行されていた。その後海軍に徴用されたのは昭和18（1943）年10月のことで、一般徴用船（雑役船）となった。所管鎮守府は横須賀鎮守府である。

徴用後の「山鬼山丸」は横須賀を拠点にサイパン島への輸送に従事していたが、昭和18（1943）年12月、小笠原を経由したサイパン島への輸送の途中、機関故障を生じて船団から脱落してしまう。第四十六号哨戒艇の護衛を受けて内地に戻った後、機関修理を実施した。なお、「山鬼山丸」は民間船時代にも衝突事故を起こしており、短い生涯の割にはトラブルの多い船であったといえる。

機関の修理は相生の播磨造船所で行われ、昭和19（1944）年1月9日に修理を終えて出渠。横須賀に戻った「山鬼山丸」は、1月31日にトラックに向けて出港、翌2月12日にトラックに無事到着した。

しかしトラックに停泊中の昭和19年2月17日、18日のアメリカ機動部隊によるトラック空襲に遭遇、18日に沈没した。沈没の原因は後部船倉への直撃弾による弾薬の誘爆とも、機関の爆発とも伝えられる。

着底した船体の右舷艦首方向から門型のポストを望む。ちょうどダイバーの下あたりに第二船倉が口を開けているはずである。本来なら画面奥にはブリッジや煙突が見えるはずだが、被弾により船体中央部を大破しており、ブリッジ後方で船体はバラバラとなって往時の姿をとどめていない

船首の先端部。後部はひどく破壊されているが、船体前半部の程度はよい。水深のためか華やかなソフトコーラルの付着もない船首は特によく原形をとどめている

デリックポストと一体化した前部マストは現在も姿をとどめており、マストのトップは水面近くに達している。陳腐な印象ではあるが、戦後80年近い時を経てなお屹立するマストは、戦没貨物船の墓標のようだ

【海底での邂逅】

ミクロネシア連邦、チューク州（旧名：トラック諸島）に眠る「山鬼山丸」は、ウマン島（日本名：冬島）の西、水深約35mに眠っている。この「山鬼山丸」の近くには、本書でも紹介している「天城山丸」（120ページ）がある。

「山鬼山丸」は、私が初めてチュークを訪れた際に潜った艦船のうちの一隻なのだが、当時は木箱に入った機銃弾など、多くの遺物が残されていた。ところが、それから数年経過して潜った際に見つけた木箱は、同じものとは思えないほど朽ちており、きれいに整った状態で詰め込まれていた機銃弾も、おそらくダイバーの手によりまとめられ、近くに分かるように置かれていたり、年月の経過を感じずにはいられなかったことを思い出す。

「山鬼山丸」には航空機の部品が多く積載されており、航空エンジンやエンジン用のカウル、主脚などと出会うことができる。それ以外にも甲板上や船倉内にはトラックのフレームや、ハンドルが付いた状態の車両、薬瓶、驚くことに、梅干しの種なども発見されている。

また、沈没時に脱落した状態で船体だけが進んでしまったのか、船体から脱落した「山鬼山丸」の舵は少々離れた場所にある。「舵がある」と言われてもイメージが難しいかもしれないが、舵が海底に刺さった状態で、その姿はまるで墓標のようにすら感じるのだ。

最後に潜ったのが2015年。他の船と比べてみると、崩れるスピードが早く感じた船であることから、今現在の「山鬼山丸」はどうなっているのか。大変気になるところである。

1／半ば砂に埋もれるように船倉内に転がる飛行機の主脚。第二船倉内での撮影のようで、零戦の主脚のように見える。後方に見えるのは主翼の一部のようだ。機体として完全な形をなしていないのは、輸送時に機体をいくつかに分解して積載したためだろう
2／やはり船倉内にころがる零戦二一型のカウリング。中島飛行機での二一型の生産は昭和19年まで続いていたから、本船が輸送物件として搭載していてもおかしくはない。カウリング内に見える円形の部品はエンジンマウントであろう
3／船倉内から見た船倉口。四角く光の降ってくる開口部が前部甲板の船倉口で、荷役はこの開口部から船のデリックによって行われる。貨物を運び玉掛するのは基本的にすべて人力であり、「沖仲仕」と呼ばれる港湾労働者に頼っていた

第二船倉内のトラック。「山鬼山丸」には甲板上と船倉内に複数のトラックが積載されているが、この車両が一番程度がよいようで、エンジン前面のラジエーターや車輪もはっきりと残っている

貨物船「松丹丸」

船橋の後ろにある機関室付近の甲板。中央に屹立するのは煙突で、その手前の山形の構造物は機関室の天窓。舷側側の平坦な部分は端艇甲板（ボートデッキ）で、開口している部分は板張りだったのだろう。舷側から立ち上がっている棒状のものはボートダビット。写真左隅に見えるのはトラック空襲直前に増備された連装機銃かもしれない

着底した船体と並行に泳ぐダイバー。総トン数2,000トン弱の「松丹丸」は輸送船としては、さほど大きな船ではないが、人物の対比でみると相応に存在感はある

船尾の砲座を見上げた一枚。写真で見る限り船尾の自衛用火砲は8cm砲、もしくは短12cm高角砲に見えるが、記録上では、13mm連装機銃を装備したことになっている。計画と実際の装備に変更があったのかもしれないが詳細は不明

船尾を右舷斜め後方から見る。傾斜して半ば海底に埋もれているが、全体としてはよく原型をとどめている。甲板上の構造物の上には短12cm高角砲が装備されている。砲座付近から船尾にむかって2本の短い棒状のものが突き出しているが、これは甲板上への爆風の影響を防ぐブラストスクリーンの支柱かもしれない

貨物船「松丹丸」

昭和19年2月17日、トラック島で空襲下の「松丹丸」(写真中央)(Photo/USN)

DATA(最終時。一部推定)

総トン数	1,999t
主要寸法	全長87.0m×最大幅12.2m×喫水6.2m(満載)
主機	蒸気レスプロ機関 1基 1軸 1,100馬力
最大速力	13ノット
兵装	13mm連装機銃 1基 25mm連装機銃 2基 (写真と合致しないことに注意)
竣工年月日	昭和18(1943)年6月7日
沈没年月日	昭和19(1944)年2月17日

沈没地点

チューク州トノアス島(日本名:夏島)の東

水深 40m

【海底への道程】

「松丹丸」は松岡汽船の保有した中型貨物船であり、設計的には平時D型標準船に分類される。姉妹船として「八郎潟丸」が存在するが、こちらは中川汽船の保有船である。

すでに太平洋戦争が始まり、2年目を迎えた昭和17（1942）年に進水し、昭和18（1943）年6月に竣工している。

竣工直後の6月中に一般徴用船（雑用船）として海軍に徴用され、呉鎮守府所管となっている。そのため民間船としての商業航海を行ったことはなかったと思われる。沈没するまで一般徴用船であったため、所属は一貫して海軍省であり、艦隊などに編成されたことはない。

海軍に徴用された後は、本土と小笠原への輸送を行った後にトラックからラバウル方面への輸送などにあたっており、ラバウルでは機銃による対空戦闘も何度か経験している。特に昭和19（1944）年1月30日の空襲では、至近弾3発を受けるなど激しい戦闘であったようだ。

そうしたこともあってか、トラック空襲直前の昭和19年2月16日にはトラックで対空機銃の増備も実施され、端艇甲板に25㎜連装機銃2基を追加している。

しかし、機銃の追加工事直後の2月17日のアメリカ機動部隊によるトラック空襲で、「松丹丸」は至近弾3発を受け、さらに第三船倉付近に直撃弾を受けた。この直撃弾によって積み荷のダイナマイトが引火、爆発し、「松丹丸」は沈没した。

貨物船「松丹丸」

【海底での邂逅】

本書において紹介しているように、ミクロネシア連邦・チューク州には数多くの艦船や航空機が眠っている。この「松丹丸」は、トノアス島（日本名：夏島）の東、水深50mほどにあり、この船の周りには、令和2年に上梓した、拙書『蒼海の碑銘』に掲載されている日本郵船の「長野丸」や、本書に掲載されている「菊川丸」（110ページ）なども眠っている。

水深50mという大深度にもかかわらず正立状態で着底している松丹丸は、カメラの画角にちょうど収まる船のサイズ感で、ディテールまでとてもきれいに残っている。令和4年に靖國神社遊就館で開催された海に関連する特別展『「海鳴りのかなた」～波間より現れる戦中の記憶～』の前期展示において、メインビジュアルとしても使われているので、もしかしたら、船の名前は知らなくともその写真を見たことがあるという方もいるかもしれない。

水深が深いことからレジャーの範囲ではなく、テクニカルダイビングの装備で潜ることを推奨する。私たちが、水深50mをテクニカルダイビングの装備で潜るときには、だいたいボトム（水底）で20分程度かけて撮影をする計画を立てて潜り、ランタイム（エントリーしてから海面に浮上するまで）は約60分となる。

そのようなダイビングを1日2回を限度として撮影を続けるのだが、この「松丹丸」サイズの船であれば、20分あればかなり撮影もはかどる。ただし大きな船の場合、外観から内部まで撮影するのに20分では足りず、かなりの時間や日数をかけなくてはならないことをぜひ知っていただけたらと思う。

甲板上を泳ぐダイバーの下には船倉口が見える。写真奥に影のように見えるのは船体中央の船橋部。はっきりと見えないのは透明度よりも水深50mという環境ゆえの光量の問題なのだろう

船尾砲座に残る短12cm高角砲。木製の床板は失われているが、即応弾薬を置いたであろう後部の四角い張り出しなども残る。本砲は輸送船の自衛用に開発された砲であり、対潜水艦用火砲に高仰角射撃の機能をつけたものといえる

船尾砲座付近の全景。船尾周りがよく原型をとどめていることが分かり、手すりやラッタルなどもまだしっかりと残っている。写真手前には船倉口が大きく口を開いている

船体中央部のブリッジ周辺はよく原形をとどめている。本船は平時標準船D型に属する典型的な三島型貨物船(船首、中央、船尾が一層高いシルエットをもつ貨物船)であり、船橋や乗員の生活空間、機関室等はおおむね船体中央部に集約されている。比較的華奢な通風等がきれいに残っているのも興味深い

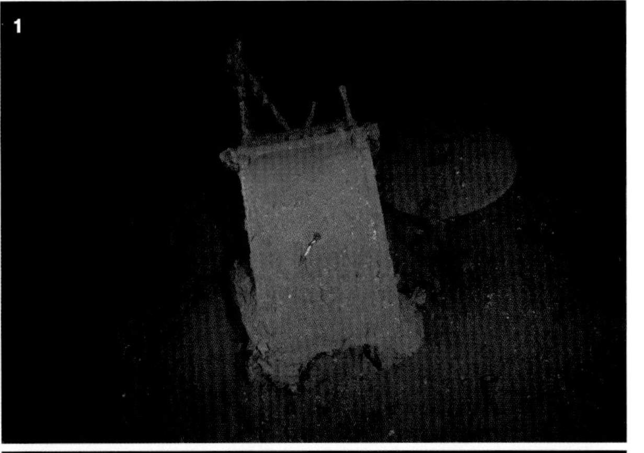

1 ／船倉内での一枚。中央の物体は、奥に見えるビール瓶などと比較して相応の大きさがあるようだが、その用途などは判別できなかった
2 ／船倉内に残る砲弾。高角砲砲弾のようで、沈没時の「松丹丸」が搭載していた輸送物件なのだろう。きれいに積まれているように見えるが、本来はケースに収められていたはず。木製の収納箱が腐食して失われた結果の姿である
3 ／船倉内の積荷。中央に散乱しているのは、バラバラになった牽引車(トラクター)のシャシーと足回りで、ドアのようなものは操縦席の一部だろう。沈没時の「松丹丸」は工事用のダイナマイトやセメント、弾薬などを運搬しており、これもそうした施設部隊や砲弾運搬用の用途で積み込まれていたものなのだろう

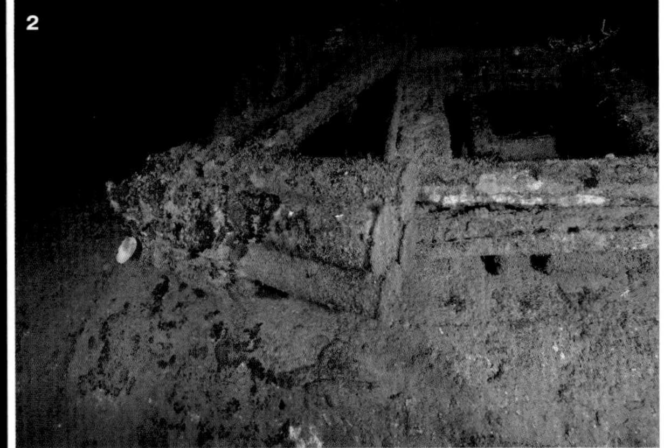

船尾の砲座付近から船尾方向を見る。砲座は木製の床板が失われ、フレームだけになっているが、原形は保っている。本船は徴用後の昭和16年12月に特設艦船としての艤装工事が行われており、船首尾の砲座もこのとき追加されたものだろう

スクリューと舵。本船は空襲時に左舷後部を損傷しているが、右舷側から撮影されたこの写真では損傷は見られない。輸送効率を重視して主機1基、1軸推進を採用し、航海速力13.5ノット、最大18.7ノットを発揮した

船首の砲座を後方から見る。砲自体は脱落したか撤去されたか、残っていないが、円形の操砲フラットと、砲の基筒部が確認できる。左側の四角い張り出しは即応用の砲弾置き場だろう。弾箱に即応用の砲弾が収容されており、戦闘中の砲弾供給はここから行われ、消耗分は船内の弾火薬庫から補給する

油槽船
「富士山丸」

後方から見た船橋。付着生物に覆われて舷側に飛び出しているのは、短艇を扱うためのダビット。舫取りや溺者救助などのための小型のカッターは軍艦、民間船問わず船橋、艦橋周辺に備えられていることが多かった

DATA(特設運送船時)

総トン数	9,527t
主要寸法	全長150.39m×最大幅19.31m×吃水8.88m(満載)
主機	ディーゼル 1基 1軸 9,390馬力
最大速力	18.7ノット
兵装	不明
竣工年月日	昭和6(1931)年8月27日
沈没年月日	昭和19(1944)年2月17日

沈没地点

チューク州トノアス島(日本名:夏島)の北東

水深　55m

【海底への道程】

「富士山丸」は昭和4（1929）年に公布された優秀油槽船保護政策によって建造された高速タンカーである。船主は飯野商事（後に飯野海運に転籍）で、昭和5（1930）年に播磨造船所で起工され、翌昭和6（1931）年に竣工した。

本船の設計にはさまざまな新機軸が導入され、その後に建造された日本高速ディーゼルタンカーの基本となったことでも有名である。

竣工後の「富士山丸」は樺太やアメリカからの原油輸送に従事していたが、その過半は海軍向けのものであった。日米の開戦を目前に控えた昭和16（1941）年11月、海軍に徴用された「富士山丸」は、特設運送船（油槽船）として第六艦隊に配属され、燃料輸送に従事した。

昭和17（1942）年2月以降は、南方作戦、北方作戦に参加、その後はソロモン方面に移動するが、開戦から丸1年が経った昭和17年12月10日、ショートランド泊地で空襲を受けて損傷、内地で修理を受けた。

損傷修理後も「富士山丸」は燃料輸送や部隊輸送に従事していたが、昭和19（1944）年2月3日、貨物船「天城山丸」らとともにバリクパパンからトラックへの輸送任務にあたり、14日にトラックへ入港する。

しかし、その3日後の2月17日、アメリカ機動部隊の空襲を受けて損傷。翌日も繰り返された空襲によって「富士山丸」は機関室に直撃弾を受け、さらに至近弾により船尾の爆雷が誘爆し、船尾から沈没した。

甲板上、中央に見えているものはキャットウォーク。フレームのように見えるのは、木製の床板が腐食して抜けてしまったからだろう。キャットウォークの側面に掛けられた幾本ものパイプ状のものは給油作業に使用される蛇管。キャットウォークを蛇管置き場に利用するのは油槽船の常である

船尾の機関室付近を撮影した一枚。船体が横倒しになっているので、写真で大きく傾いて見えるのが甲板面である。並んで見えている四角形のパネル状のものが機関室天井の天窓で、所々に見える丸い穴が採光用の窓であろう

倒壊した煙突を撮影したと思われる一枚。「富士山丸」は船尾に機関を設けており、機関室や煙突も船尾にある。機関はMAN社製ディーゼルエンジンで、本来は大きな煙突を必要としないが、相応のサイズなのは消音器をカバーしつつ船容を整えるため

【海底での邂逅】

ミクロネシア連邦・チューク州、かつてトラック諸島と呼ばれ、このエリアには数多くの艦船、航空機などが沈んでいる。その大きな原因となったのが、1944年2月の米機動部隊による空襲だ。環礁内に停泊していた多数の艦船が狙われ海底に眠ることになったのである。

戦後、迅速に保護に乗り出したミクロネシア連邦政府は、船内からの遺物の持ち出しを禁止した。その結果、他のエリアの特に浅い場所にある沈没船などから大多数の遺物が引き上げられたようなことはなく、まるでタイムカプセルに閉じ込めたような状態となった。この場所が純粋に沈没艦船の数だけではなく、聖地といわれる所以である。

この「富士山丸」もその中の一隻である。チュークにおいて私たちがベースとする国際空港のあるウエノ島（日本名：春島）と、トノアス島（日本名：夏島）のちょうど中間辺り、水深約55mにこの「富士山丸」は左舷を下にして眠っている。写真でも伝わることと思うが、水深が50mあるとは思えないほどに明るいその景色は、実際に撮影をしていても水深を忘れてしまうほどだ。

甲板上に伸びるキャットウォークはこの船が油槽船だったということを物語る特徴的な構造物であり、付着物も少なくきれいな状態で残っている。私がこの「富士山丸」に潜ったのは2014年と2015年の2回のみである。それから相応の年月が経過した現在、一体どのような状態になっているのか。さらには船内などもほとんど探索をしていないので、機会を設けて再度トライしてみたいと思っている

左舷に横倒しになった船首部分。写真では船首の平面形はかなり鋭角に見えるが、これはアングルとレンズのイタズラで、実際にはもう少し幅がある。写真中央に見える塊状のものは揚錨機か船首砲座だろう

船尾の端艇甲板の様子。写真上部に見える甲板から突出したものがボート用のダビット。格子状の開口部は端艇甲板のフレームで、甲板面が腐食して失われたため、このような穴が開いてしまった

デリックポストとデリック。デリックポストの背が低いので船橋後方のデリックポストのように思われる。このデリックは貨物の搭載ではなく、主に送油用の蛇管の操作に使用されるもの。デリックは両舷にあり、左右舷どちらでも作業できる

デリックポストと船体後部の機関室付近の甲板。舷側に見える曲がったものはボートダビットで、その付近に端艇甲板がある。全体に構造物が崩壊しているように見えるが、これは沈没原因になった船尾への命中弾の影響かもしれない

比較的状態よく残っている階段。船橋背面付近のように思える。それほど強固ではないように思える梯子が原形をとどめている理由は分からないが、本船に限らず多くの沈没船で形状をとどめているのは不思議だ

船内で撮影された一枚。撮影者によるとエンジンルーム内とのことで、シルト(砂泥)を被った中央の機器は補機のように見える。写真の印象からは船内は甲板上に比べて破壊の程度が小さいようだ

甲板上からの一枚。おそらく船体中央部の端艇甲板付近から船首方向を見ており、前方に見える崩壊しかかった構造物が船橋である。本来なら船橋との間に煙突や探照灯台が見えるはずだが、これらは失われてしまったのだろう。記録上「神風丸」は特設水雷母艦改装時に内火艇や大発を搭載したようだが、これらの搭載艇は甲板に置かれたはずで、この端艇甲板には商船時代の救命艇などが置かれていたであろう

特設水雷母艦「神風丸」

船倉を覗くダイバー、船倉の大きさが体感的に分かる。本船は中型貨物船で、特設空母や特設巡洋艦に改装された大型船に比べれば小さいが、こうして見ると存在感がある。ダイバーの後ろに見える太い円筒は倒壊した門型ポストの一部かもしれない

DATA(特設水雷母艦時)

総トン数	4,916t
主要寸法	全長112.7m×最大幅16.5m×喫水8.9m(満載)
主機	蒸気タービン 1基 1軸 3,237馬力
最大速力	16.3ノット
兵装	不明
竣工年月日	昭13(1938)年3月17日
沈没年月日	昭和19(1944)年3月31日

沈没地点
パラオ・ウルクターブル島近海
水深　35m

【海底への道程】

「神風丸」は東大阪汽船を船主として大阪鉄工所で建造された中型貨物船「神龍丸」級の一隻であり、昭和12(1937)年に起工され、昭和13(1938)年に竣工している。

なお所属は東大阪汽船の山下汽船への合併によって、昭和15(1940)年に変更されている。

「神風丸」は昭和16(1941)年6月に海軍に徴用され、同年9月までかかって特設水雷母艦としての改装を受けた。(特設)水雷母艦は本来、居住性が低い水雷艇を支援するための艦種であったが、太平洋戦争時には往時の水雷艇は駆逐艦となって大型化していたために、その主な任務は魚雷の調整や魚雷を含む消耗品の補給などになっていた。

昭和16年12月の太平洋戦争開戦時、「神風丸」は第二艦隊付属として南方作戦を支援、その後はソロモン方面などで精鋭部隊である第二、第四水雷戦隊の支援にあたると同時に、輸送任務にも従事した。なお昭和17(1942)年10月以降は、第二艦隊から連合艦隊付属に移っている。

ソロモン・ニューギニア方面での攻防戦以降も「神風丸」はトラック泊地などを中心に活動していた。昭和19(1944)年2月17日のトラック空襲の際には、パラオ方面への輸送任務中であったために難を逃れている。

しかしアメリカ機動部隊は3月30日にパラオにも襲来、パラオ港内ウルクターペル島錨地に停泊中だった「神風丸」は爆撃を受けて損傷し、31日に沈没した。

特設水雷母艦「神風丸」

【海底での邂逅】

「神風丸」はパラオ共和国・ウルクターブル島近海、水深35mに眠っている。ウルクターブル島の周りは石灰岩質が侵食されたことによりできた白い泥が堆積することで乳白色の海水となり、その水質は「ミルキーウェイ」と呼ばれている。その泥質は美容にもよいとされ、観光客が海底から汲み上げた砂泥を身体に塗り付けるなどして楽しむ姿はパラオに興味にある方であれば一度は見たことがあるかもしれない。

本船もそういった沈没地点の環境の影響を受けている。透視度は数mと非常に悪く、数多くのレックが眠るパラオの中でもかなり条件の厳しい中での撮影となった。

潜ってみると、全体の位置関係などはほとんど分からない状態となる。場合によっては、被写体から1mほど近づかなければ何か分からないこともあり、一緒に潜ったダイバーですらどこにいるのか分からなくなってしまうほどだ。幸いにして船の形をしっかりと見ていけば、船首方面か船尾方面に移動をするだけなのでそこまで迷うことはない。

この「神風丸」で特筆すべきは、多数が残されている魚雷だ。この船はさまざまな任務を帯びた艦船の中でも特設水雷母艦という駆逐艦などに魚雷などを補給するために存在していた船ということで、その特徴をはっきりと見てとることができる。

パラオには数多くのダイビング事業者が存在しているが、おそらくこの「神風丸」を潜ることはほとんどないだろう。興味のある方は「デイドリームパラオ」に問い合わせてみてほしい。

崩壊した船体の一部。この写真だけでは散らばっている部材の詳細は分からないが、中央にはキャットウォ クの 部らしいものが見えているので、船内艤装の一部なのかもしれない

船首部分らしいが、この海域特有の石灰岩による海水の白濁ために全景が見えず詳細は不明。写真が船首先端部のアップなら、この後方に揚錨器や自衛用の砲座が存在するはずである。記録上「神風丸」は自衛用の12cm単装砲2基を船首尾に備えていた

船体上に堆積したシルトに半ば埋もれるように見えている中央のリング状のものは、おそらく操舵論の一部であり、撮影箇所は船体中央の船橋付近であろう。「神風丸」は船体中央に船橋や機関室をもつ、いわゆる三島型の貨物船であった

船首の第一船倉付近。手前に見える開口部が第一船倉。中央に丸い開口部を向けているものは通風筒で、これは商船時の写真でも確認できる。甲板上には荷役用のデリックが転がっているようで、あまり状態はよくないように見える

1／船内に残る魚雷の前部。本船は水雷母艦として第二水雷戦隊の支援にあたっていたので、おそらく駆逐艦用の61cm魚雷だろう。半球形の部分が空気または酸素の充填される気室の先端部で、使用時には炸薬を充填した「実用頭部」が装着される
2／船倉内に積まれた魚雷。水雷母艦はもともと駆逐艦が小型で居住性が貧弱だった時期に本来の意味での「母艦」として活躍したが、太平洋戦争時は魚雷を始めとする消耗品の補給などの支援が主任務だった
3／船倉内で撮影された、おそらく魚雷の調製に使用される機材。魚雷は海中で一定の進路、水深を保つためにジャイロや舵の調製が必要であったが、駆逐艦や潜水艦といった小艦艇ではそうした能力の多くを母艦に頼っていた

1

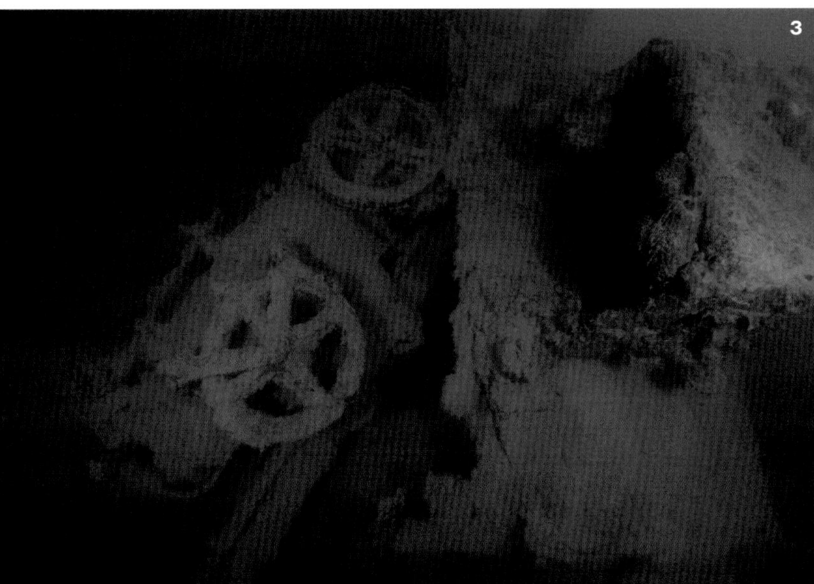

3

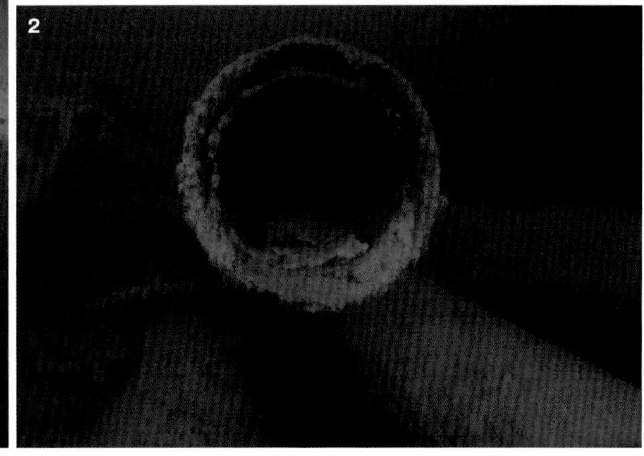

2

錆ついた25mm連装機銃。写真右手後方に高角砲の砲身が見えるので、艦橋前面に装備されていた25mm機銃なのだろう。船体が転覆しながら着底したときに艦橋は崩壊し、機銃は船体の傍らに投げ出されるように着底したのではないかと考える

船体に確認できる破孔はおそらく直撃弾によるもの。当て推量だが500ポンド級の爆弾によるものではないか、という印象。基準排水量1,500tの一等輸送艦に爆弾4発の命中は耐え難いものだったろう

船体中央部付近は大きく損傷しており、罐室内にあったはずのボイラーがむき出しになっている。破損しているが、写真上方に見えるボイラーの上端が蒸気ドラム

第一号型輸送艦

DATA（竣工時）

基準排水量	1,500t
主要寸法	全長96m×最大幅10.20m×喫水6.5m
主機	ロ号艦本缶 2基、艦本式タービン 1基 1軸 9,500馬力
最大速力	22ノット
兵装	12.7cm連装高角砲 1基 25mm三連装機銃 3基 25mm連装機銃 1基 大発動艇 4隻
竣工年月日	昭和19（1944）年5月10日
沈没年月日	昭和19（1944）年7月27日（一号）

沈没地点

一号：パラオ共和国・アラカベサン島の南
水深　29m
二号：小笠原諸島・兄島滝之浦湾
水深　3m
四号：小笠原諸島・父島二見湾
水深　6m

就役間もない第一号輸送艦（資料提供／大和ミュージアム）

【海底への道程】

太平洋戦争開戦以前の日本海軍はアメリカ太平洋艦隊との艦隊決戦を志向し、島嶼争奪戦には強い関心を持っていなかった。しかし太平洋戦争が始まり、昭和17（1942）年夏以降のガダルカナル島争奪戦が生起すると、敵制空権下での強行輸送が可能な高速輸送艦の必要性が認識された。

こうした認識の下で計画されたのが、第一号型輸送艦である。輸送艦としては「一等」に区分され、一等輸送艦第一号型となるが、一等輸送艦にはほかに艦型が存在しないため、単純に「一等輸送艦」と称されることもある。

もともとは「松」型駆逐艦の高速輸送艦タイプとして構想されており、最終的には別個の設計となったものの、工数削減のために直線を多用した設計は、同時期に設計された「松」型や海防艦に類似している。

艦尾にはスロープを持ち、貨物や車両などを大発に搭載したまま泛水できる点に特徴があり、甲標的や特内火艇といった物件の輸送も可能だった。

昭和19（1944）年5月に竣工した第一号を皮切りに、終戦までの間に21隻が竣工、戦争末期の過酷な戦場に投入され、フィリピン戦や小笠原、硫黄島輸送などで16隻が戦没している。第一号型輸送艦は太平洋戦争の実相に対応した設計の軍艦であったが、登場がやや遅く、活躍の一方で大きな犠牲を記録した。本書に収録した第一号はサイパン島輸送の途中で損傷し、パラオで空襲に遭遇して沈没。第二号は小笠原輸送中に空襲を受けて沈没しているが、これは第一号型輸送艦の典型的な最期であった。

ひっくり返った艦首の下敷きになった連装12.7cm高角砲。腐食は進んでいるが、砲架などもよく原形をとどめているようだ。
艦首に連装高角砲を搭載したことで、一等輸送艦の砲火力は「松」型駆逐艦と比較しても大きく見劣りしないものとなった

半ば砂に埋まった25mm三連装機銃の銃身。兵装レイアウトからすると、船体中央部の機銃台に装備された2基の三連装機銃のうちの左舷のものだろう

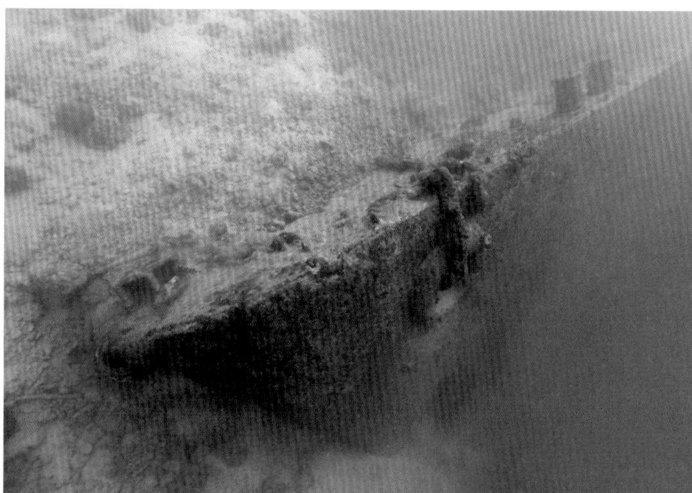

艦首付近は比較的原形をとどめているようで、舷側にはボラードやキャプスタンが見え、ベルマウスからは錨鎖が垂れ下がっている

【海底での邂逅】

パラオには1隻、小笠原諸島には2隻の一等輸送艦が眠っている。まずパラオ共和国・アラカベサン島の南、水深29mに眠るのが一号。水底はなだらかな傾斜になっており、浅いところで18mになる。艦尾は完全に逆さまになっているものの、艦首に向かうにつれよじれ、艦首は右舷を下にして眠っている。船体には連装機銃なども形の分かる状態で残っており、今回紹介する3隻の一等輸送艦のうち、最も状態としてはよいであろう。

二号と四号はそれぞれ小笠原諸島の兄島と父島に存在する。小笠原に来た旅人がまず訪れることになる父島のすぐ隣に位置する兄島は、無人島ということもあり観光で訪れる人はほとんどいない。その兄島に属する滝之浦湾には、戦前に使われたといわれるクジラの解体場があり、今でもその跡を見ることができるのだが、戦中は錨泊地として利用されており、その結果、数隻の艦船が海底に眠ることになった。この二号は擱座した後に沈没したといわれており、水深は深くても3mと非常に浅く、船体構造物の一部は海面に露出しているような状態である。大砲などが目の前の砂浜に打ち上げられているのも特筆すべき点であろう。

四号は本土と小笠原を結ぶ定期船も入る父島・二見湾の水深6mに眠っている。今回の写真はボニンブルーと称される小笠原の海がきれいに出ているが、その翌年に潜った際には1m先も見えないほど透視度が悪く、まともな撮影ができなかったことを思い出す。特徴的な艦尾や高角砲などが残っており、艦首付近を捜索すると食器など、乗員の生活を感じさせてくれる遺物に出会うことができる。

1／艦首は崩壊して右舷側に横倒しになってしまっているようだ。付着生物によってディテールは掴みづらいが、特に付着生物が一塊になって見える部分が先端部のフェアリーダーかもしれない
2／四号の艦尾は特徴的な艦尾のスロープが面影をとどめる。左側に二条見えているのは搭載した大発等を泛水するためのレール。中央のフレーム状のものは爆雷投下軌条だろう
3／船体中央やや後ろ寄りにあったはずの艦本式ボイラー。周囲に散らばっているパイプ状のものは蒸気管などで、船体が崩壊した際、バラバラになって周囲に散らばったのだろう
4／中央に見える太い円筒状の構造物は艦首の12.7cm連装砲の支持構造だろう。重量のある連装高角砲を甲板上に搭載するには、相応の強度が必要であり、甲板下に強固な構造が必要となる

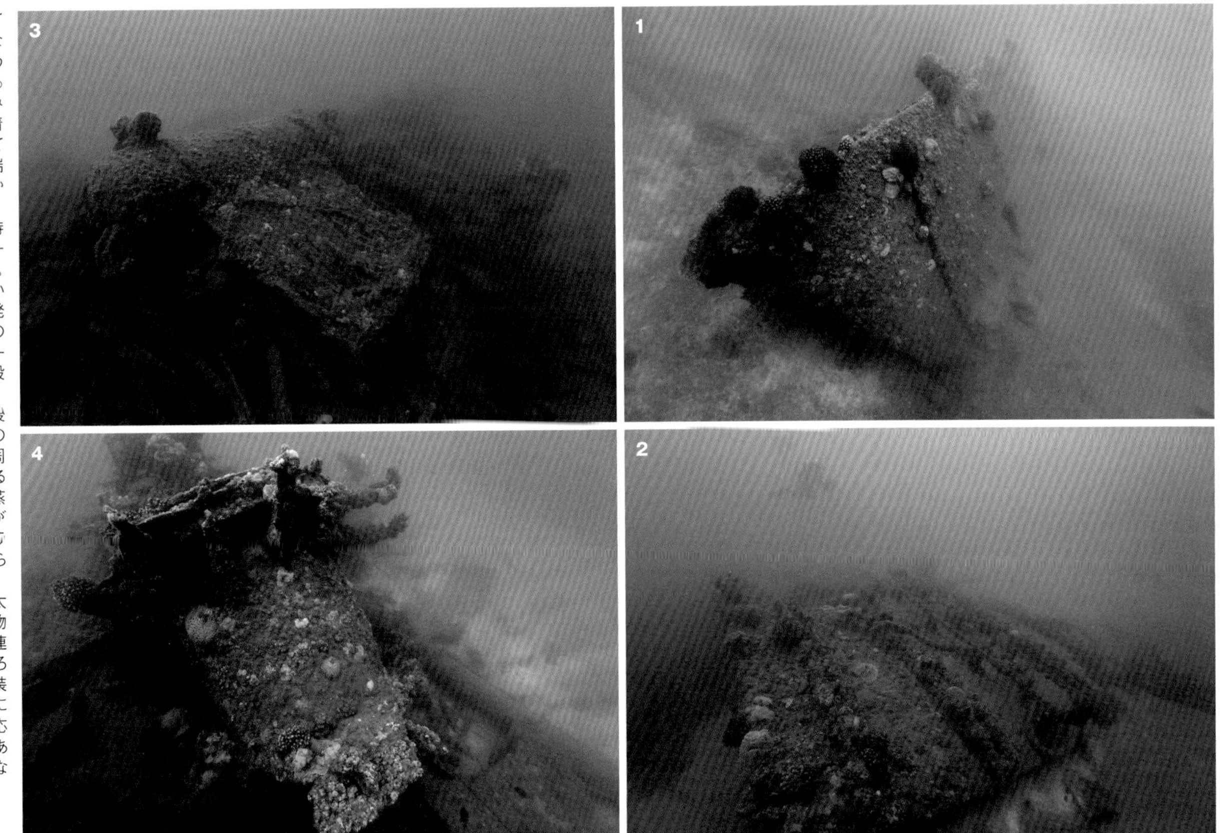

12.7cm連装高角砲。一等輸送艦では簡易な高射装置しか装備していないために、砲の持つ潜在的な性能を完全には発揮できなかった。これは戦時量産艦ゆえの割り切りともいえる

父島に眠る四号

兄島の浅い海底に残るロ号艦本缶。一等輸送艦は空気予熱器付きのロ号艦本缶を2基搭載しており、写真奥にもう一基の缶が見える。船体は完全に崩壊して失われているが、缶の架台や床部は辛うじて残っている

第一号型輸送艦

1／推進軸はギヤード・タービンと結合された状態で残されている。一等輸送艦は艦本式高低圧タービンが搭載され、減速ギアによって軸の回転数を最適化していた
2／海底に横たわるスクリュー。当時としては標準の固定ピッチプロペラで、ピッチは2,220m、回転数は毎分400回転。一等輸送艦は機関出力9,500馬力で最大22ノットを発揮可能だった
3／艦首部の残骸。中央奥に見える円筒状の物体は艦首に装備した12.7cm連装高角砲据え付け部の構造材だろう。相応に重量のある連装高角砲を支えるための部材と推測する
4／海岸に打ち上げられている船体の一部。舵は脱落しているのか、軸が折損して失われているようだが、操舵装置のように見える。中央の軸に結合されている左右のシリンダーで舵を操作したようだ

海底に遺されたものたち

船体が原形を保っている船の内部には、
70年以上の時を経てもなお、かつてそこにさまざまな人々がいたことを思い起こさせる品々が残っている。
戦時ならではのさまざまな軍用品、今と変わらない食器や瓶、文具や娯楽用品など、
各種の日常用品が、船とともに眠っているのだ。

機銃弾が入っていた木箱（「山鬼山丸」）

飯盒と割れた湯吞茶碗（「松丹丸」

朽ち果てた双眼鏡（「清澄丸」）

駆逐艦「エモンズ」の艦内に残る艦型識別用のスライドフィルム。何が写っているのかは見えないが、「SHOKAKU CLASS」や、空母を示す艦種記号「CV」などが読み取れるので、日本海軍の「翔鶴」型空母が写っているはずである。どこの国も艦型を特定するための識別表を作成し、部隊に配布していた

「山鬼山丸」の船倉で、弾薬箱に入ったまま朽ちつつある銃弾。比較対象がないので正確な特定はできないが、小銃弾か7.7mm機銃弾だろう。床にも多数の銃弾が散らばっているが、戦争の本質が補給であると同時に壮大な徒労であることも実感させる光景である

「日豊丸」の船倉内に残る砲弾。互い違いにきれいに積み上げられているように見えるが、裸で砲弾を積むとは考えづらい。木製の砲弾箱に収容されて平積まれていた砲弾が、箱の腐食によってこのような形で残ったのだろう

「桃川丸」の船倉で見られる航空機用のタイヤ。トレッドのないタイヤもあるが、すり減ったのではなく、もとからトレッドのない低圧タイヤなのだろう。新品なのか返納品か分からないが、使用済みのタイヤも艦船の防舷材などに利用されるので、余裕があれば回収しない手はない

「日豊丸」の船内に散乱する防毒面。いわゆる「ガスマスク」で、ゴム製部分だけが残っている。「死」を想起させる絵面だが、防毒面そのものは火災時や戦闘時の有毒ガス対策として兵員に供給された一般的な装備である

「乾祥丸」の甲板上に散乱する調度品。中央に見える陶製の洗面台は、ライオンと「T・S」ロゴマークと「TOYOHASI JAPAN」の文字から豊橋製陶所のものと分かる。大正9年に創業し、昭和17年に監督官庁の指導によって同業他社数社と合併するまで存続した同社の製品は、現在でも古い建築物などの洗面台、便器などに見ることができる

「りおでじゃねろ丸」の船内に残る木製の将棋の駒。客船のプレイルームには将棋や囲碁などのゲームが備え付けられていたが、これが備品なのか私物なのかは不明。いずれにせよ乗員達の無聊を紛らわすために重宝されたことは確かであろう

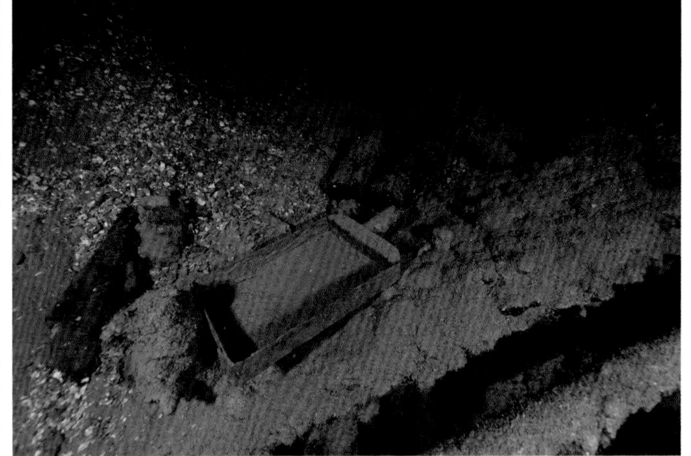

「乾祥丸」の厨房に転がる酒瓶と調理器具。木製の柄こそ腐食して失われているが、緑青をふいた銅製の四角いフライパンは、今も我々の身近にある、卵焼きを作るあれである。沈没からの70年という時間が長いのか、それとも短いのか、分からなくなる写真である

「乾祥丸」船内のタイプライター。一部のキーが見えており、アルファベットの「P」などが確認できるが、解説者はこのジャンルの製品に暗いため欧文タイプか和文タイプなのか判然としない。令和の現在では「タイピスト」という言葉も死語である

「平安丸」の船室内に残る鉛筆。「平安丸」の船内は机などの木製品も状態よく残っているが、この鉛筆もそうしたものの一つ。製品としては現在の製品と変わらないため、「歴史上のモノ」と認識できない、ある種の生々しさがある

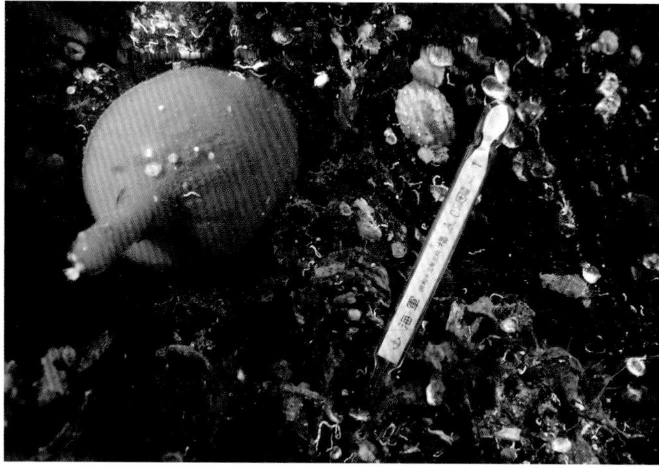

「平安丸」の船内に残る「海軍」の文字の入った体温計。横には薬瓶らしきものも見えるが、いずれも医務室の備品だったのだろう。「平安丸」は特設潜水母艦として潜水艦の作戦を支援したが、その中には潜水艦では十分に対処できない傷病者へのケアもあった。これはそうした特潜母の機能を示唆する写真でもある

「清澄丸」の船内の棚に収容されたまま残る船用のランプ。常用するものなので、予備品がストックされていたのだろう。現在でも略同型の製品が生産されているが、それだけに外観から製造会社を特定することはできなかった

「夕映丸」船内に残る「クワス」のビン。「クワス」は東欧で伝統的に飲まれる微炭酸、低アルコール飲料。ライ麦と麦芽を発酵させて作られるが、「ビタミン飲料」とあるので、嗜好品ではなく健康食品的に飲まれたのだろう

「桃川丸」の船内に転がる琺瑯の容器は「CARBON WATER FILTER」と見えるので、活性炭を使った浄水器なのだろう。「OKANO & Co.Ltd」「KOBE JAPAN」と見えるので神戸の企業の製品らしいが、残念ながらメーカーについての情報は得られなかった。本船は川崎重工で建造されているので、神戸川崎への納入メーカーである可能性もある

「日豊丸」に残るアルミ製の飯盒。周辺には陶製の湯飲みや茶碗も転がっており、乗員や便乗者の生活空間を感じさせる。飯盒は煮炊きのほかに配食用の容器としても利用されるので、船内では汁物やおかずを入れていたのかもしれない

「山鬼山丸」第三船倉付近で撮影された多量のガラス瓶。瓶の形からして飲料の類ではなく医薬品の瓶だろう。ひょっとすると本船の輸送物件の中でもっとも価値ある積荷であったかもしれないこれらの医薬品は、銃弾や戦闘機と同じく、ついにそれを必要とする人々の手元には届かなかった。旧日本軍におけるロジスティックの崩壊を時を超えて訴える写真である

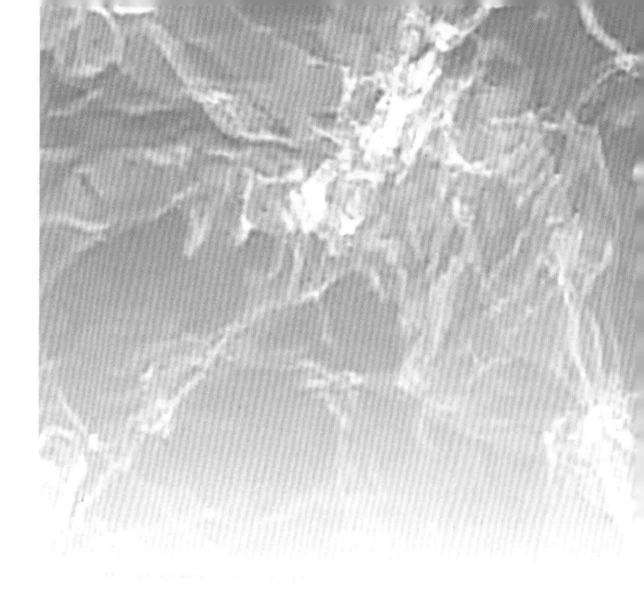

続 蒼海の碑銘
——海に眠る戦争の記憶

2022年8月31日発行

発行人 ——————— 山手章弘
発行所 ——————— イカロス出版株式会社
〒101-0051 東京都千代田区神田神保町1-105
[電話]出版営業部 03-6837-4661
編　集　部 03-6837-4667
[URL]https://www.ikaros.jp/
印　刷 ——————— 図書印刷株式会社

Printed in Japan

戸村裕行
(とむら・ひろゆき)
Tomura Hiroyuki

1982年埼玉県生まれ。世界の海中を巡り、大型海洋生物からマクロといわれる生物まで、さまざまな水中景観を撮影し続けている水中写真家。多岐にわたる撮影対象の中でも、ライフワークとして、大東亜・太平洋戦争、第二次世界大戦に起因して海底に眠ることとなった艦船や航空機などの撮影を世界各地で続け、その取材内容はミリタリー総合誌・月刊「丸」(潮書房光人新社)の人気コンテンツとして毎月連載を続けている。

2018年にはそれらをまとめた水中写真展「群青の追憶」を靖國神社遊就館で開催したのを皮切りに、全国各地の平和記念館や博物館などを巡回、テレビや新聞などで取り上げられ、多くの来場者を集める。2020年、海底の戦争遺産としての写真集「蒼海の碑銘」(イカロス出版)を上梓。また、「歴史を知るダイビング」としてレック(沈船)ダイビングの認知に努め、戦争遺産を未来に伝えていくための活動が注目を集めている。執筆・講演多数。

このような戦争遺産を未来に伝えていくためには莫大な資金が必要となり、皆さんの支援を必要としています。詳しくはオフィシャルサイトなどをご覧ください。

オフィシャルサイト：
https://www.hiroyuki-tomura.com/
Twitter: tomkkuma
Instagram: tomkkuma

写真展及び写真展協力

水中写真展「群青の追憶」
2022年6月 大和ミュージアム(呉市海事歴史科学館)
2021年9月 万世特攻平和祈念館(鹿児島県南さつま市)
2021年4月 筑前町立大刀洗平和記念館(福岡県朝倉郡筑前町)
2020年9月 靖國神社遊就館(東京都千代田区)
2019年5月 大阪南港ATCホール(大阪市住之江区)
2018年10月 記念艦三笠(神奈川県横須賀市)
2018年6月 靖國神社遊就館(東京都千代田区)

主な展示協力

2022年3月 靖國神社遊就館『海鳴りのかなた〜波間より現れる戦中の記憶〜』
2021年7月 知覧特攻平和会館『海底からの証言 誠飛行隊とUSSエモンズ』
2018年4月 大和ミュージアム(呉市海事歴史科学館)『戦艦「長門」と日本海軍』
2018年1月 日本郵船歴史博物館『グランブルーの静寂〜もうひとつの氷川丸〜』

写真　戸村裕行

執筆
海底での邂逅　戸村裕行
海底への道程・写真解説(特記以外)　小高正稔
写真解説(特記ページ)　宮崎賢治

図版・マップ協力
田端重彦(PanariDesign)
株式会社ピットロード

表紙・本文デザイン　FROG(藤原未奈子)

取材協力(ダイビングサービス)
AQUA academy(グアム)
English Empire Divers Okinawa(沖縄県)
DayDream Palau(パラオ)
Dive Gizo(ギゾ・ソロモン諸島)
Dive Munda(ムンダ・ソロモン諸島)
Rabaul Kokopo Dive(ラバウル・パプアニューギニア)
TREASURES(チューク・ミクロネシア連邦)
TULAGI DIVE(ガダルカナル島、ツラギ島・ソロモン諸島)
旭潜水技研(沖縄県)
スーパーフィッシュダイビング(サイパン)
ダイビングショップ&ペンション フィッシュアイ(小笠原諸島)
ワールドダイビング(沖縄県)

取材協力(旅行会社)
PNGジャパン
エス・ティー・ワールド

機材協力
HEAD Japan株式会社 マレス事業部
株式会社INON
OMデジタルソリューションズ株式会社
Stream Trail
株式会社フィッシュアイ
株式会社モビーディック(MOBBY DICK INC.)

Special Thanks(敬称略)
月刊「丸」編集部
雑誌DIVER編集部
マリンダイビングウェブ
ダイビングと海の総合サイト・オーシャナ
公益財団法人水交会
記念艦三笠
筑前町立大刀洗平和記念館
知覧特攻平和会館
万世特攻平和祈念館
靖國神社遊就館
大和ミュージアム(呉市海事歴史科学館)
アーバンスポーツ(鶴岡市)
Dive pro shop evis(名古屋市)
SDI / TDI / ERDI JAPAN(ダイビング指導団体)
@ww2diver
青木家(生駒市)